ペットの死 その時あなたは

新版

鷲巣月美 編

三省堂

ペットの死、その時あなたは＊目次

装丁 林 佳恵
カバーイラスト 中村成二

動物が教えてくれたこと
残していってくれたこと
いろいろなことを考えると
いなくなって寂しい気持ちも
あるけれど
それよりも一緒に暮らした日々
楽しかった思い出の方が
ずっとずっと大きな財産

はじめに

　ペット・ロスとはどのような意味でしょうか？　そのまま訳せば、ペットを失うということなのですが、実際には愛する動物を失った家族の悲しみを表現する言葉として使われています。ここで一つ強調しておきたいのは、ペット・ロスは愛する動物を失ったことに対する正常な反応であり、決して特別なことではないということです。極めてまれに、専門家の助けが必要になるケースもありますが、このような場合、バックグラウンドにペット・ロス以外の問題が存在していることが多いのではないかと思われます。

　最愛のペットを亡くした方の中には、こんなに悲しいのは自分だけではないか、こんなにいつまでも悲しみを引きずっている自分は異常なのではないかと思ってしまう人がたくさんいます。また、一般社会の受けとめ方として、〝たかがペットが死んだくらいで〟という風潮がまだまだ根強く残っています。周囲の人達の心ない一言でひどく傷ついている人達がいることも事実です。何年間も共に暮らした動物が亡くなれば、悲しいのは当たり前であり、自分の親が亡くなった時よりもずっと悲しいという人もたくさんいます。しかしながら、ペットを失ったことで一時期ひどく落ち込んだとしても、そのダメージから正常なプロセスで回復していくのであれば全く問題はありませんし、悲しいと感じることは極めて正常な反応なのです。大切なのは、ペット・ロスに対する社会全体の認知とともに、ペットを失った本人のペット・ロスに対する理解を深めることだと思います。

では、なぜ今〝ペット・ロス〟なのでしょうか？　コンパニオン（伴侶）としての動物について少し考えてみましょう。人間が動物を使役動物としてではなく愛玩あるいは伴侶として共に生活するようになったのは、紀元前のことであるとされています。その当時の人々も愛する動物を失った時には私達と同様の悲しみを経験したものと想像されますが、定かではありません。なぜ、近年これ程までに人と動物の絆、そしてペット・ロスといったことが注目されるようになったのでしょうか？　動物との絆が深まる背景として、社会において人々が感じる孤独感や分離感を充足し、ストレスを解消し、また安らぎや仲間を求める気持ちを満たしてくれる対象としてのコンパニオンアニマルがあったのではないでしょうか？　そして、実際に動物とよい関係を築くことにより、多くの人々が身体的および精神的な恩恵を得ていることが証明されています。

　年代を経るに従い日本の家族形態は変化し、核家族化そして少子化が進みました。最近では単家族と呼ばれる一人住まいの人が増加しています。生活の基盤である家族形態の変化は、家庭内における動物の立場を変化させるひとつの要因であったと考えられます。番犬としてではなく、家族の一員として迎え入れられた犬達は家の外の犬小屋ではなく、家族と同じ屋根の下で生活するようになりました。こうして犬達は私達と寝起きを共にし、外出から戻ればいつも喜びを体中で表現しながら迎えてくれ、誰にも言えないことを文句も言わず黙って聞いてくれ、寂しい時や悲しい時には常に傍らに寄り添っていてくれる、そんな存在になっています。ある人にとってはたった一人の家族であり、周囲のだれよりも大切な存在となっていることもあります。

　獣医学の発達および動物と共に暮らす家族の意識向上にともない、感染症に対する予防が進み、動物の栄養状態もよくなりました。このため、動物の寿命が長くなり、1頭の動物と共に暮らせる時間が長くなりました。その分、絆も強くなったのではないでしょうか。しかし、動物の平均寿命が長くなったことで、慢性疾患や腫瘍などの発生率が高くなっており、家族にとっては厳しい決断を迫られることも多くなっていると思います。

これらのことを背景として、動物達は益々人々にとって身近な存在となってきました。当然、これらの動物を失った時、深い悲しみを経験する人々も多くなったと考えられます。

本書は、愛する動物を亡くした時に、心や体にどのような変化が起きるのか、動物が病気になった時、さらに、最悪の事態が起きた時どのように対処したらよいのか、動物医療の先進国である英国やアメリカではペット・ロスに対してどのようなことが行われているのか、大切な動物との生き別れ、愛する動物を失った人々の手記を中心として構成されています。

本書の動物医療に関する章では、ターミナルケアや安楽死についても分かりやすく説明されており、愛する動物の最期をどのように看取るのかを考える時の大きな助けとなります。愛する動物を失った人々の手記を集めた章には死に別れ、生き別れを含め様々な思いがつづられています。この章は、動物と暮らしたことがない人、〝たかがペットが死んだくらいで〟と言ってしまいそうな人にとっては、動物と共に暮らすことの意味や素晴らしさを理解する手がかりになると思います。

共に暮らした動物との別れをサポートする自助グループが日本にも発足しました。日本獣医畜産大学付属家畜病院（現動物医療センター）でがんの治療を受けていた患者（動物）の家族が中心となって結成された Pet Lovers Meeting（ペットラヴァーズ・ミーティング、PLM）です。PLM は、3ヶ月に一度のミーティング、ホームページ開設、ペットロスホットラインを主な活動としているボランティア組織です。PLM のホームページアドレスおよびホットラインの電話番号は次のとおりです。

http://petloss.m78.com/

電話03-5954-0355　毎週土曜日午後1時〜4時

核家族、単家族人口の増加にともない、今後益々動物と共に暮らす人々の数は増えることでしょう。私たちが一緒に暮らす動物達の寿命は、多くの場合、人間の寿命よりもかなり短いため、動物と暮らし始めた人は必ずいつか〝別れ〟を経験します。その時を、少しでも悔いなく、心静かに迎えるために本書がお役に立つことを願っています。

二〇〇五年八月

編者　鷲巣月美

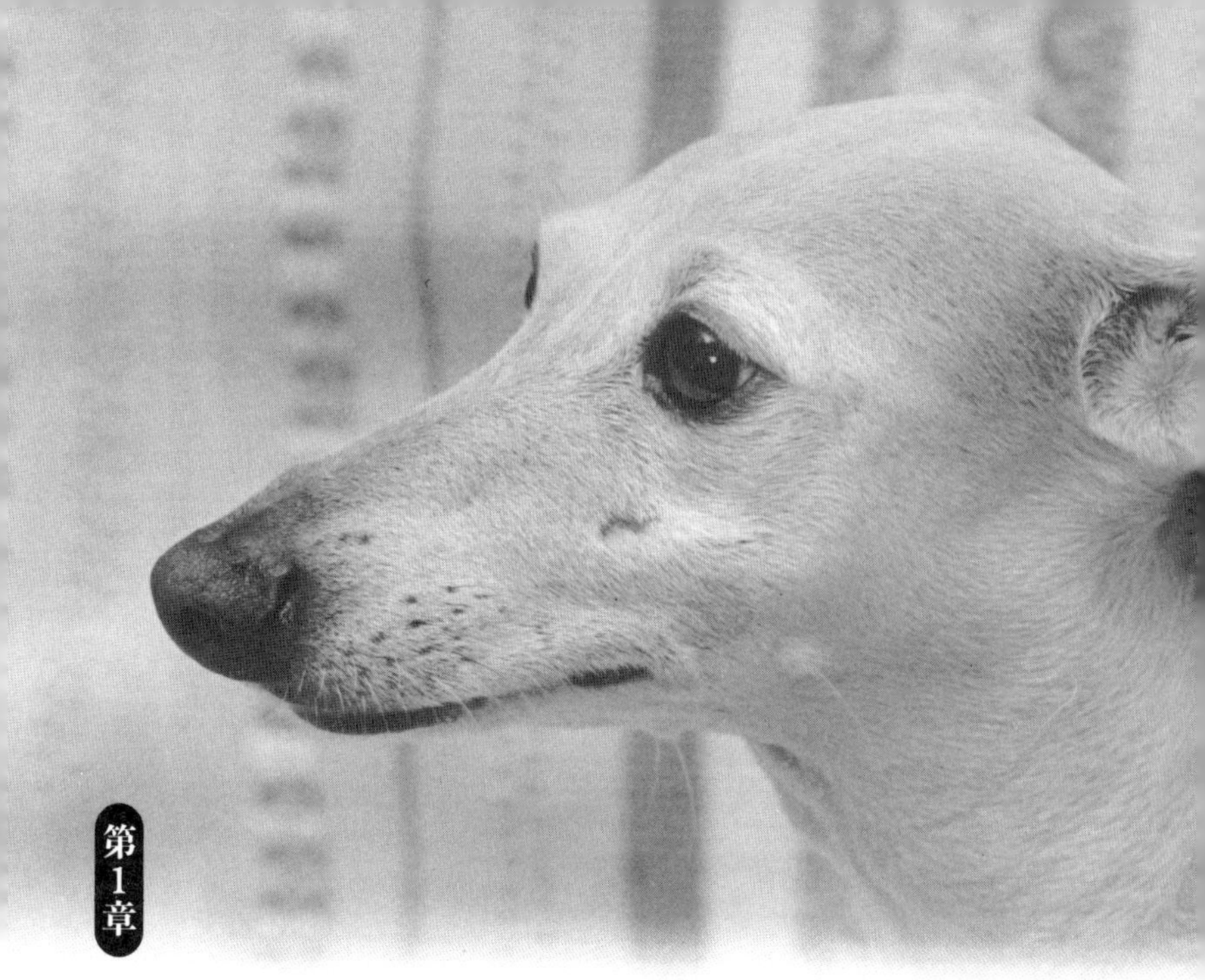

第1章
海外におけるペット・ロスへの対応〈最前線〉

山崎　恵子

ペットとの悲しい別れ

ペット・ブームと言われている今日の我が国において最も遅れているのが、いわゆる、「ペット飼育の入り口と出口」に対するケアです。つまり、ペットの選択や飼育開始時に最も必要な情報が飼育者に与えられず、またペットと別れる際（死別だけとは限らない）のケアに関する情報も全く与えられていない情況です。特に後者に関しては、ペットの葬儀などをマスコミが半ば馬鹿にしたような形で報道することさえあり、この問題に真剣に取り組んでいる者にとっては、極めて腹立たしいことです。

長年にわたって家族の一員として暮らしてきたペットの死は、周囲の人間にとっては実につらいものであり、それを乗り越えるための心のケアが、すでに欧米では様々な形で提供され始めています。

アメリカの精神科医、アーロン・キャッチャーによると、ペット・ロス体験者が、その痛手から立ち直るプロセスを完了する平均的期間は、約10カ月だそうです。にもかかわらず、多くの獣医師やカウンセラーのところに寄せられる相談の中には、2～3週間たっても泣きやむことができない、仕事が手につかないなどなど、というものが多くみられます。欧米においては、このようなデータに基づいて、まず飼い主に対して、「自分は決して異常ではない」という点を理解させるためのカウンセリングを行う必要がある、と言われています。そのためには心身ともにどのような変化が現れやすいかをも明確にし、専門家がそれをわかりやすく飼い主に説明していく必要もあるでしょう。

さらに、ペットを失った飼い主のための「生命の電話」ともいうべきペット・ロス・ホットラインを開設しているところもあれば、カウンセリング・グループが設置されている場合もあります。このような実際のカウンセリング活動のほかに、獣医師や看護士など、ペットの死に立ち会わなければならない人を指導するためのテキストなども発行されています。考えてみれば、これは決して特別なことではありません。ペットの死に対する飼い主の気持ちひとつで、その後の病院の経営が左右される可能性のある病院においては、死への対応も大切な職業訓練の一環として受けとめられるべきであると考えます。

一般の文具店にさえ、ペットを失った知人に送るための「おくやみカード」が置かれているほど、欧米ではペットを亡くした悲しみが社会に認められています。

我が国においては、まず動物の専門家にこの悲しみを認識してもらうことから始めなければ、心のケアを行うためのシステムを発展させていくことはできないでしょう。

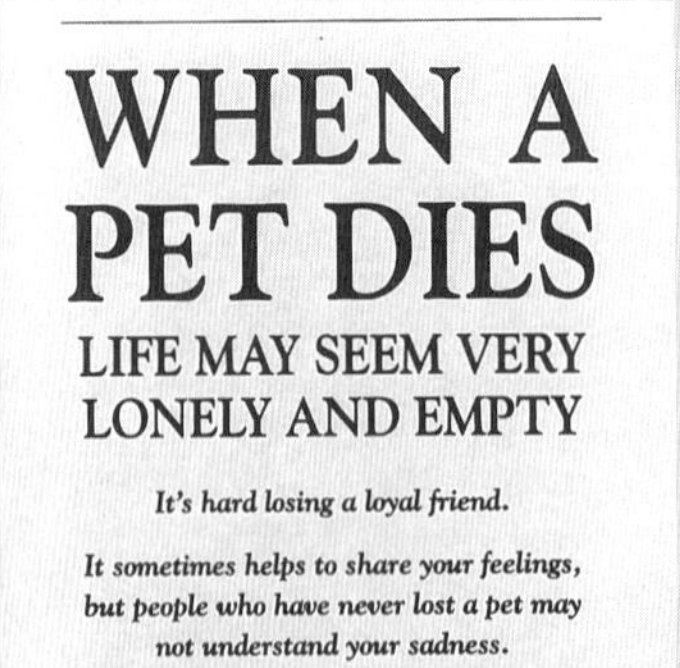

▲英国 SCAS のペット・ロス・ホットラインのパンフレット

▼「バイバイ、ベル」子猫を失った少年の物語
（子供向けのペット・ロス・サポート）

ペットを失った人に贈る

Your dog had a special place
in your heart and your life...

▲「貴方の心の中で、あの子は
永遠に生き続けます」

In their short lives,
our pets give us all they can --
their friendship, unselfish love
and total loyalty.
There comes a time
when we must give back to them --
their freedom, their peace
and their dignity.

▲「貴方の友を自由に旅立たせ
時がきました…」というような
（おくやみカード

▶ペットを失った人に贈る〈おくやみカード〉。中をあけると次のような文が…

「心からおくやみ申し上げます。（ペットと）ともにすごした日々の温かい思い出が、貴方の悲しみをやわらげてくれると信じております」

最近では我が国でもようやく優良家庭犬普及協会という団体が独自でペットのおくやみカードを制作・販売しはじめました。

飼い主を支援する様々なシステムとは?

ペット・ロスに悩む飼い主のために、カウンセリング・サービスが病院内で正式に提供され始めたのは、おそらくアメリカが初めてでしょう。1980年代には、ニューヨーク市のアニマル・メディカル・センターをはじめ、ペンシルバニア大学およびコロラド州立大学の獣医学部において、カウンセリング・サービスが開始されました。これらの中でも代表的な例とされるニューヨークのアニマル・メディカル・センターは、人間の病院と同様にソーシャル・ワーカーを常駐させた、初めてのケースではないでしょうか。動物の死に対応するために獣医師自身が時間的、そして心理的に、非常に大きなプレッシャーを感じている現状においては、このような専門家がその役割を担っていくことは、たいへん重要なことだと思います。

また病院ではなく、地域単位でペット・ロス問題に対応しようという試みも、アメリカには見られます。1985年にカリフォルニア州のサクラメント・バレー獣医師会は、カリフォルニア大学デービス校獣医学部に設置されたヒューマン・アニマル・プログラムの支援のもとに、同地域の飼い主たちを対象としたペット・ロス・サポート・グループを設立したのです。毎月約2回の割合で会合を開いている同グループの活動は、ペットを失った悲しみを、自ら解消することのできない人々が集い、グループ・リーダーのもとで話し合う、という形式のものです。

さらに、獣医師会からこの仕事をまかされているグループ・リーダーは、専門家による精神衛生相談を受ける必要があると思われる人を、適切な医療機関などに紹介することもしています。

イギリスにおいてもアメリカにおいても、カウンセリング・グループは2種類に分けることができます。1つは自助努力をするための集団、つまり同じ体験をした者どうしが集まり、互いの話を聞き合うという形式のグループです。もう1つはサポート（支援）グループで、多くの場合専門家やカウンセリング経験者が、相談者のそれぞれの悩みに対応していく、というものです。

病院や地域単位、という限定された集団を扱っているプログラムのほかに、より広い範囲でペット・ロスに関する相談を受けることができるのが「ホット・ライン」、つまり電話相談サービスです。1988年にはアメリカ、カリフォルニア大学デービス校のヒューマン・アニマル・プログラムで、「ペット・ロス・サポート・ホットライン」が設立されました。このホットラインは獣医学部の学生を相談員とし、週5日間、朝6時半から夜の9時半まで電話を受けています。ただし、いたずら電話や救済性などの配慮により、基本的には相談者の氏名、住所および電話番号を受け付けた後に、相談員がコレクト・コールで折り返し電話をする、という形式で運営されています。

ボランティア相談員を希望する学生は、まずオリエンテーションを受けなければなりません。ここではホットラインの目的、基本理念および相談員としての必要な技術に関する教育が行われます。相談員用の資料として用いられている指導マニュアルは、地元の人向けの「生命の電話」用に開発されたものをベースとして、作成されています。

毎年多くの相談を受けているこのホットラインは、今、全米の注目をあびていますが、単に苦悩する飼い主を支える、ということが評価されているだけではなく、獣医学を志す若者に、その教育の一環として、現場の飼い主たちの悲痛な声を直に聞く機会を与えられる、素晴らしい「臨床家育成システム」としても一目おかれているようです。ホットラインのボランティア相談員をつとめた経験をもつ卒業生たちは、臨床家として実際に患者を診るようになった際、自らが立ち会う「初めての死」に対して、冷静に、かつ思いやりをもって対応することができるようです。

アメリカ以外でこのようなホットラインを設置しているのは、イギリスのSCAS（ソサエティ・フォー・コンパニオン・アニマル・スタディーズ）です。SCASの場合は、大学などと関連した組織ではないために、相談員は獣医学部の学生というよりも一般のボランティア、カウンセリング経験のある会員などがつとめています。SCASの電話相談サービスはザ・ビフレンダー・リファーラル・サービス（相談相手紹介サービス）と呼ばれ、相談者に近接の専門家、あるいはボランティアなどの相談相手を紹介するための、有料サービスという形式で運営されています。

そのほかにも、欧米においては民間の愛護団体が多数存在し、なかには相当な規模の組織を有するものもあります。そして、これらの愛護団体の大半が、大なり小なり独自のペット・ロス対応プログラムを持っている、と考えてよいでしょう。アメリカの大規模な愛護団体でしばしば見られるのは、「メモリアル・プレート」です。これは亡きペットの名を刻んだタイル、銅板などを飾ることのできる特別な場所（通常正面玄関）が、愛護団体の建物に設けられており、愛護団体へ寄付することによって、ペットの死に対する慰霊の意味をこめて、そこに永遠にその子の名を残せる、というものです。たしかに、見ようによっては、愛護団体の寄付集めの手段にすぎないかもしれませんが、悲しみを解消する方法の1つとして、このようなものが飼い主に提供されることは、決して悪いことではないでしょう。

豊富な文献そしてインターネットも

もう1つ欧米（特に英米）において、豊富にあるものがペット・ロスに関する文献でしょう。これらには、もちろん飼い主への対応の仕方や、ペットの死に関する様々な統計的データなどを扱った専門家用のものも含まれますが、Bereavement（ビリーブメント：愛する者と死別した悲しみ）を扱った一般向けの本や小冊子も多く、人に話すことよりも1人でじっくりと悲しみを解消していきたい飼い主にとっては、貴重な資料となります。

特に子供向けのペット・ロスの本として有名なのが、ＳＣＡＳが発行している『Bye-bye, Belle』（バイバイ、ベル）と、アメリカのビリーブメント・セラピストのサリー・シビットが作成した『Oh, Where Has My Pet Gone ?』(私のペットはどこへ行ったの?)です。いずれの本も、読者である子供が、自分のペットに対する思いを書き入れることができる余白が設けられています。特に後者は「メモリー・ブック」(思い出をつづる本)として、自分のペットを失った悲しみを、思い出として形づけていくことによって解消させようという、セラピストならではの工夫がこらされています。

Grief(悲嘆)、Loss(喪失体験)、Bereavement(死別の悲しみ)などは、英米では、日常的に人間がサポートを必要とする特殊な情況である、という理解がもたれており、その内容や様々な段階に関する文献も決して少なくありません。

さらに最近のペット・ロス・サポートの中でも、もう1つ忘れてはならないのはインターネットです。たとえば愛猫家のためのインターネット・リスト・サービスFeline-Lにおいては、毎月1回キャンドル・サービスが行われています。飼い主のもとを去った猫たち、今病いに苦しむ猫たち、そして、飼い主にも家にも恵まれることなく死んでいった不幸な猫たちのために、参加者全員が祈りをささげる時間なのです。コンピュータ・ネットワークという最新の技術も、今後はますますペット・ロス・サポートに役立つようになってくるでしょう。

コンパニオン・アニマルの死に対する社会の眼ざし

アメリカの心理学誌『Psychology Today』の中で行われた調査を見ると、対象となった1万3000人のうち、なんと79%が自分の飼っている、もしくは過去に飼っていたペットが、自分にとって最も身近に感じることのできるコンパニオン（伴侶）である、と考えたことが少なくとも一度はあった、と答えています。つまり、その伴侶を失うことで心に大きな傷を負ってしまう可能性のある人はかなりいる、と考えざるを得ないのです。

それは、おそらく日本においても同じことでしょう。ただし、ペットを失ったときに実際に「病的」な反応を示してしまうのは、このうちのほんの数%にすぎないであろうことも、我々は認識しておかなくてはなりません。大多数の人は、自力で立ち直ることができるのでしょうが、その過程において、ホットラインに電話をかけたり、サポート・グループに出向いたり、獣医師に相談したり、家族、友人、あるいはほかのペットたちの力を借りる人もいるでしょう。周囲の者は必要とあれば、このようなペットを失った飼い主に様々な形で手を貸さなければなりませんが、今最も必要とされているのは、飼い主の反応に対する社会の理解でしょう。

これは欧米でも頻繁に言われていますが、「たかが……」発言が最も飼い主を傷つける、ということです。「たかが小鳥1羽が死んだくらいで会社を休むなんて……」と言われることが最もつらいことなのです。しかし、特に我が国においては、まだまだこの「たかが……」発言が多すぎるようです。誰も自分の気持を理解してくれないと感じた飼い主は、それだけ抑うつ状態にもなりやすくなり、立ち直りの時間も長びいてしまいます。

それではいったい、今、何をしたらこのような世間一般の対応を変えることができるのでしょうか。生命の大切さ、そしてそれが失われたとき、その生命との関わりがあろうとなかろうと、誰もが本来感じるであろう漠然とした悲しさ、それは言葉で教えられるものではありません。動物の死に対する無関心、無感動は早期における真の教育によってのみ是正していくことができるのです。家庭で幼い頃よりペットを飼っていれば、必ず子供はそのペットの死に遭遇するはずです。その際に、親が死の事実を隠さず、子供にもお別れを言わせてやることは非常に大切なことだと思います。

また最近では学校や幼稚園などで、動物の飼育がさかんになってきているようですが、それらの動物の死に関しては、時折疑問に思わざるを得ないような扱いがなされていることを耳にします。児童の目から遺体を隠してしまうことなく、先生と子供が共に「失われた生命」を見つめ、話し合ってみてはどうでしょうか。理解ある社会をつくり出すために必要な「真の教育」とは、このようなところからスタートさせていく必要があるのではないでしょうか。

さらにもう1つ飼い主に必要なのは、客観的に死を考える機会を与えられることでしょう。飼い主としては、自分のペットが若く健康であるときは、あまり死を意識していないように思えますが、実はそれは表面上のことであって、どの飼い主も心の奥深いところでは「もしも……」という恐れを抱いているのです。それは逆に言えば、あまり考えたくない事柄であり、あえて心の奥に押し込んでしまっているとも言えましょう。しかし、多くの人は、動物の方が先に死んでいくであろうことを、十分に理解しています。その「理解」をいたずらに刺激することなく前面に持ち出す機会を、時には飼い主に提供する必要があると思います。高齢のペットの世話、死の迎え方、埋葬の知識などなどの情報が嫌味のない方法で飼い主に伝わる場が、より多く必要とされているのです。これだけ「ペット・ブーム」と言われ、マスコミにも動物関係の記事が毎日のように登場しているにもかかわらず、飼い主にとって必要な「出口のケア」に対する心配りは欧米と比べ、日本ではあまり見当たらないように思えてなりません。

ペット・ロスのケアの中には今まで列挙してきたように、獣医師、カウンセラー、ホットラインのボランティア、愛護団体など様々な人間が関わってくるのですが、やはり欧米においても日本においても、その基本は周囲のサポートを得ながらも、個人がいかにして自らの気持ちを整理していくか、ということです。

以前、アメリカの飼い主向けの雑誌『キャット・ファンシー』に「友との別れ方」の特集が掲載され、全米の読者の自分なりの悲しみの表現方法が掲載されました。人間同様、猫にも「メモリアル・キルト」を作製したという人もいれば、生前の写真から立派な油絵を描いてもらった人もいました。愛猫の写真でカレンダーを作製した人、愛猫の死後、地元のシェルターからあえて13歳の老猫を引き取り世話をし始めた人など、ペットの死を悼む方法は、飼い主によって実に様々でした。

日本でも、自費出版で絵本、文集などを出す方々がおられます。飼い主がペットを失った悲しみを表現する方法には、何やら普遍性を感じざるを得ません。いかなる手段を選択しようとも、それは各個人にとっては非常に意味のあることであり、たとえそれは高額な投資を必要とするものであろうと、多大な時間を要するものであろうと、周囲の者はここにおいても「たかが……」発言をしないように気をつけなければなりません。

また、個人のこのような立ち直りの努力に水を差すような発言が、慰めのつもりで周囲から発せられることもしばしばあり、その点を明記しておく必要があると思います。「早く次のペットを飼えば」という趣旨の発言は、タブーであることはしばしば言われていますが、それよりも頻繁に発せられる言葉でより深く飼い主を傷付ける発言があります。「……だから私はもう飼わない」発言、とでも言うのでしょうか。飼い主の悲しみを十分に理解するかのような言葉を並べた上で、最後に、生き物を飼うと必ずこうなるが故に自分はもう飼わないことにした、とつけ加える人がいます。この最後の一言で、ペットを失ったばかりの飼い主は、それまでのその子との素晴らしい生活、楽しい思い出すべてを、否定されてしまったような気持ちになってしまうのです。これは今まであまり指摘されなかった点かもしれませんが、ペット・ロス体験者の多くはおそらく、一度はこのような言葉を耳にしているのではないでしょうか。場合によっては「たかが……」発言と同じくらい、もしくはそれ以上に、このような「理解者」による発言が、ペットを失ったばかりの飼い主の心をゆさぶってしまうこともあるのではないでしょうか。ことペット・ロスに関しては、経験者も今一度、自分が言われた言葉、言った言葉をじっくりと考えてみる必要があるのかもしれません。

――悲しみからの回復に何が必要か？

いつの時代においても、どの国においても、生活を共にし、時間と空間を共有した友であるコンパニオン・アニマルを失うことは、人間にとって本当につらいことなのです。そのつらさ故に、人はあたかも心の病いに陥ったような様を呈するのです。しかし、これは病気ではありません。人の心が大きな衝撃を受けたときに示す、自然な反応なのです。ただ人によって、その衝撃の度合いが違い、なかには少しだけ周囲の助けを借りなければもとに戻れない人もいるでしょう。今大切なのは、社会全体がペットを失った苦しみが本当の苦しみである、ということを理解すること。そして、少しだけ他者の支えを必要としている人に、適切な「何か」が提供できるような人や組織を育てることです。

アメリカのカウンセラー、メアリー・ブルームがペットを失った飼い主たちに、その衝撃によって体調をくずしてしまったか否かを聞いてみたところ、女性の半数はイエスと答えたのに対し、男性でイエスと答えたのはわずか15%でした。これは女性の方が感受性が高いのか、それとも正直なのか、どちらとも言えませんが、ペット・ロスの苦しみに対する認識は女性の方がいずれにせよ高いようだ、とも受けとれるデータです。今、アメリカの大学においては、獣医学部の学生のうち、女性の割合は男性を大幅に上回っています。我が国においても、同様の傾向が認められています。もし本当に、女性の方がペット・ロス問題に対して敏感であるとすれば、多くの場合、死の舞台ともなる臨床の現場における認識は、近い将来必ずや高まっていくでしょう。

小さな友を失うことは、それがたとえどのような種であろうと、人間に多大な悲しみをもたらします。悲しみという感情は、それを抱いている者にとってはたいへん苦しいものなのでしょうが、それはまた人の心、精神の成長にとっては必要不可欠な要素でもあるのです。ペットを失った悲しみを全身全霊で受けとめ、感じることができるということは、それ故に、すばらしいことなのです。

悲しみは時の流れとともに自然に治癒してゆくものです。たとえそれが何年かかろうとも。時には他者に支えてもらうことも必要でしょう。そのためには、欧米のような様々な試みがたいへん参考になるのですが、人によってはじっと自分のからにとじこもり、しばし休息を取ることも必要でしょう。でもその道程は自分の代わりに人に歩いてもらう訳にはいきません。最後には、悲しみを背負った者が自らの足で歩かなければならないのです。必死でそのつらい道程を歩いている人を目にしたとき周囲の者たちは、その妨げにならないよう、気をつけなければなりません。獣医師の対応、社会の反応、友人の一言などなど、ペット・ロスが深刻化する背景には、必ずある種の「妨げ」があるのです。それがなくなれば、我々は皆足を引きずりながらでも、何とか前進することができるのではないでしょうか。どうか皆さんも、もう一度考えてみて下さい。

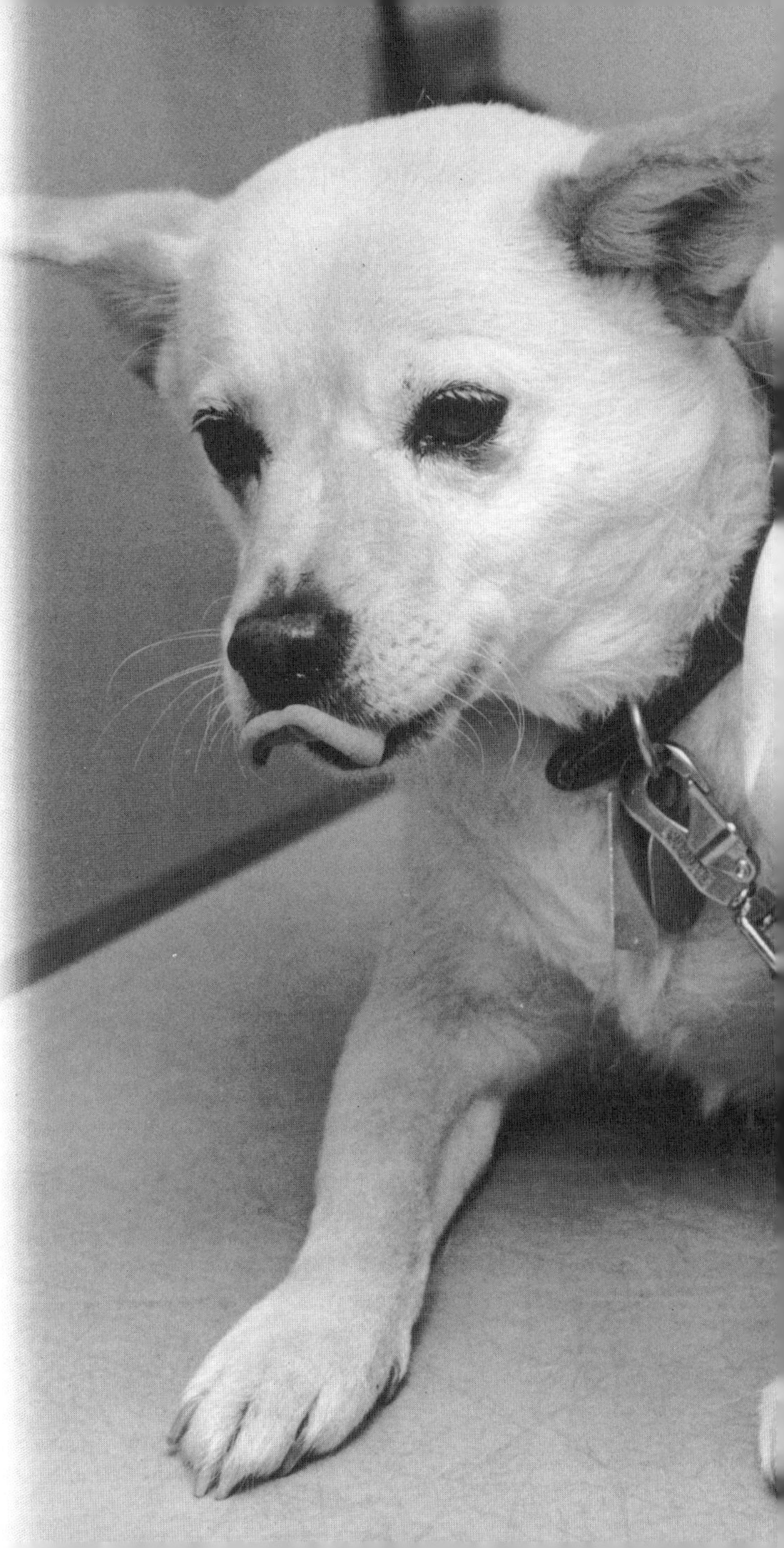

第2章 よりよい最期を迎えるための動物医療

鷲巣 月美

動物医療の現状と問題点

この章では、獣医師の立場からペット・ロスに関して飼い主の方々に、ぜひ知っておいていただきたいことをお話しします。ここで最も大切なことは信頼できる獣医師を見つけることです。つまり、病気、検査、診断、治療について十分納得のいく説明をしてくれる獣医師のところへ動物を連れて行くことです。獣医師との間に、しっかりとした信頼関係が築かれていなかった場合には、ペット・ロスからの回復が非常に難しくなることがあります。動物が亡くなった後で、獣医師や動物病院を責め続けたり、いつまでも自分自身を責めたり、後悔したりすることがないようにしなくてはなりません。時には、セカンド・オピニオン、つまり、ほかの先生の意見を求めることも必要です。

■人間医療に比べて動物医療のシステムは……■

動物医療に対する飼い主の要求は年々高まっていますが、様々な理由により人間の医療と同等の検査や治療が行えないのが現状です。獣医師である私がこのようなお話をすると言い訳のように聞こえるかもしれませんが、私自身常に大きなジレンマと闘っています。ここでは皆さんに日本の動物医療の現状を正確に理解していただくために少しお話しします。

人の医療システムも完全とは言えないのでしょうが、それでも町の開業医、地域の総合病院、専門病院、大学付属病院などが縦と横の連携を取りながら診断、治療を行っています。かかりつけのお医者さんが〝これは少し手強いぞ〟と思ったら、近くの病院あるいは専門医のいる病院を紹介してくれます。それでも診断ができなかったり、検査や治療のための設備が十分でない場合には、施設設備が充実し、多くの専門医のいる総合病院や、大学病院に行くように指示されます。休日、夜間診療のシステムも各市町村のレベルで整備されています。

動物病院はどうでしょうか？　現在、日本では、院長先生が1人で診療している病院が圧倒的多数を占めています。これらの開業獣医師の手に負えない症例や、専門的な検査や治療が必要な動物を紹介できる総合的な動物病院がとても少ないのです。複数の獣医師が勤務している病院も以前に比べると多くなってきましたが、専門的な診療を行っている病院は多くありません。獣医科大学の付属動物病院では、通常、各科目に分かれて診療が行われていますが、大学の付属動物病院は、人間の病院の看護師にあたる動物看護士の数が十分でなかったり、システム上多くの問題を抱えています。また、休日診療や夜間診療のシステム作りも遅れており、ほんの一部の地域を除いては、個々の動物病院単位で対応している場合がほとんどです。

■動物病院において診療対象となる動物の種類はますます増えている■

獣医師の場合、診療対象を1種類の動物に限定することはほとんどなく、さらに、ある特定の診療科目だけを診るということもありません。牛や馬を診療する獣医師と小動物を専門とする獣医師に大きく分けることができますが、近年ますます、小動物専門の病院に犬、猫以外の小動物が来院することが多くなってきました。診療対象となる動物種の多さと、全科を診るということに加え、病気の難易度も様々です。獣医師はワクチン接種やフィラリア予防といった病気には入らないものから、交通事故で運び込まれた重症の救急患者まで、すべての状況に対応しなければなりません。つまり、獣医師は1人しかいなくても、動物病院は総合病院として機能することを期待されているのです。

■動物医療における限界はこれだけある■

動物病院における診断や治療に関しても、動物医療の場合多くの制限を受けます。検査を例にとってみますと、レントゲン撮影や超音波検査、あるいは、検査用に血液や尿を採取する程度のことであれば特に問題はありませんが、内視鏡やCT、MRIなどの検査は、全身麻酔をかけなければ行うことができません。人間であれば、CT検査の間は静かにしていてくれますが、動物の場合、きちんとしつけがなされていても、無麻酔で行うことはまず無理です。つまり、検査をすることが診断を進める上で有用であることはわかっていても、全身麻酔をかけることが動物の命を脅かすことになる、あるいは動物にとって大きなマイナスになるような場合には、実際には検査を行うことができないということもあります。

治療に関しては、人間のように無菌室に入れて行うような方法は、用いることができません し、癌の放射線治療などのように、ある姿勢でじっとしていてもらわなければならない場合も、全身麻酔が必要になるため、そう簡単にはできません。もっと一般的なことでは、歯石除去がよい例です。歯医者さんで人の歯石をとるのにいちいち全身麻酔をかけることは絶対にありませんが、動物の場合、無麻酔でできることはほとんどありません。また、口内炎や異物、あるいは口腔内腫瘍などで、口の中を調べたい場合も同様です。言うことをきかなかったり、咬む動物では麻酔をかけなければ十分に検査することができません。抜歯や簡単な処置など、人であれば局所麻酔で済むような場合でも、動物の場合には全身麻酔が必要になります。

また、近年医学領域ではかなり一般的になってきた、アイソトープを使った検査や治療も、日本ではペットに対しては使うことができません。アイソトープが使えれば手術をしなくてもすむ場合でも、アイソトープが使えないために、動物に余計な負担をかけることになります。現在これは法律で規制されていることなので、臨床の現場ではどうすることもできませんが、見直しが進められています。

このほか、動物医療では保険の普及率はあまり高くなく、かかった費用はすべて飼い主の負担になります。このため、技術的には可能であっても、経済的な理由で十分な検査や治療ができない場合もあります。

―動物病院での飼い主の役割とは？

■飼い主は動物の代弁者■

動物病院での診療をスムースに、そして充実したものにするためのポイントを、いくつかお話しします。動物を病院に連れていったときに、獣医師あるいは看護士の人と話をするのは飼い主であり、飼い主は動物の代弁者となります。動物はすべてを飼い主に委ねているのですから、できるだけ正確な情報が提供できるようにして下さい。時には飼い主にとってあまり都合のよくない内容もあるかもしれませんが、隠してもいいことはありません。

■獣医師への情報提供は適確に■

病院ではまず来院の理由を聞かれるはずです。〝どうなさいましたか？〟そして、その問題点に関する質問、つまり、獣医師が得たい情報についていろいろ聞かれるでしょう。たとえば、皮膚にしこりができたとすると、そのしこりに最初に気がついたのはいつか、痛みあるいは痒みはあるか、だんだんと大きくなっているか、形や硬さに変化はないか、しこりができたこと以外に何か異常はないか、他の部位に病変はないかなど、いろいろ質問されます。病院によってはマークシート形式の表に記入を求められるところもあるでしょう。これらの質問に対しては要領よく整理して答えて下さい。また、すでにほかの病院で何らかの検査や治療を受けているのであれば、検査結果や治療内容についても、情報を提供できるようにしたいものです。投与されている薬によっては、検査結果に大きな影響を及ぼすものもあります。

■検査を受ける前に知っておくべきこと■

診断を進めるためには、いろいろな検査が必要になりますが、何のためにどのような検査をするのかを、必ず明確にしておいて下さい。通常、検査を行う前に獣医師から説明があるはずですが、もしも説明がなされなかったり、よくわからない場合には、費用の点も含め、はっきりとさせておきましょう。知らない間にいろいろな検査が行われ、高額な検査料を請求されたと文句を言わなくて済むようにしたいものです。

■診断および治療方針の決定■

検査を行えば、必ず結果が出ます。獣医師は検査結果をもとに診断を進め、治療方針を決定します。検査結果、診断、そしてそれに基づく治療について、飼い主はきちんとした説明を受ける権利があり、正しく理解して、動物にとって最も良い結果になるように努力する義務があります。この義務は、飼い主にすべてを委ねている動物に対するものであることは、言うまでもありません。病院で内服薬をもらったけれど、いったい何の薬なのか全くわからないというのでは困ります。何のために、どのような薬が出されているのか、必ず尋ねて下さい。

ここでお話ししたことは、どれも極めて当たり前のことなのですが、実際にはあまり実行されていないのではないでしょうか。これは、皆さんの自分自身の健康管理に対する姿勢にも通じるものだと思います。どうぞ、よりよい動物医療を受けるために、賢い飼い主になって下さい。このことは、動物の最期の時が近い場合には特に重要で、ペット・ロスからの立ち直りにも大きく影響します。治療方針を決定するに当たっては、いわゆるインフォームド・コンセントが行われるわけですが、飼い主である自分と動物にとって、最良の方法が選択されなければ

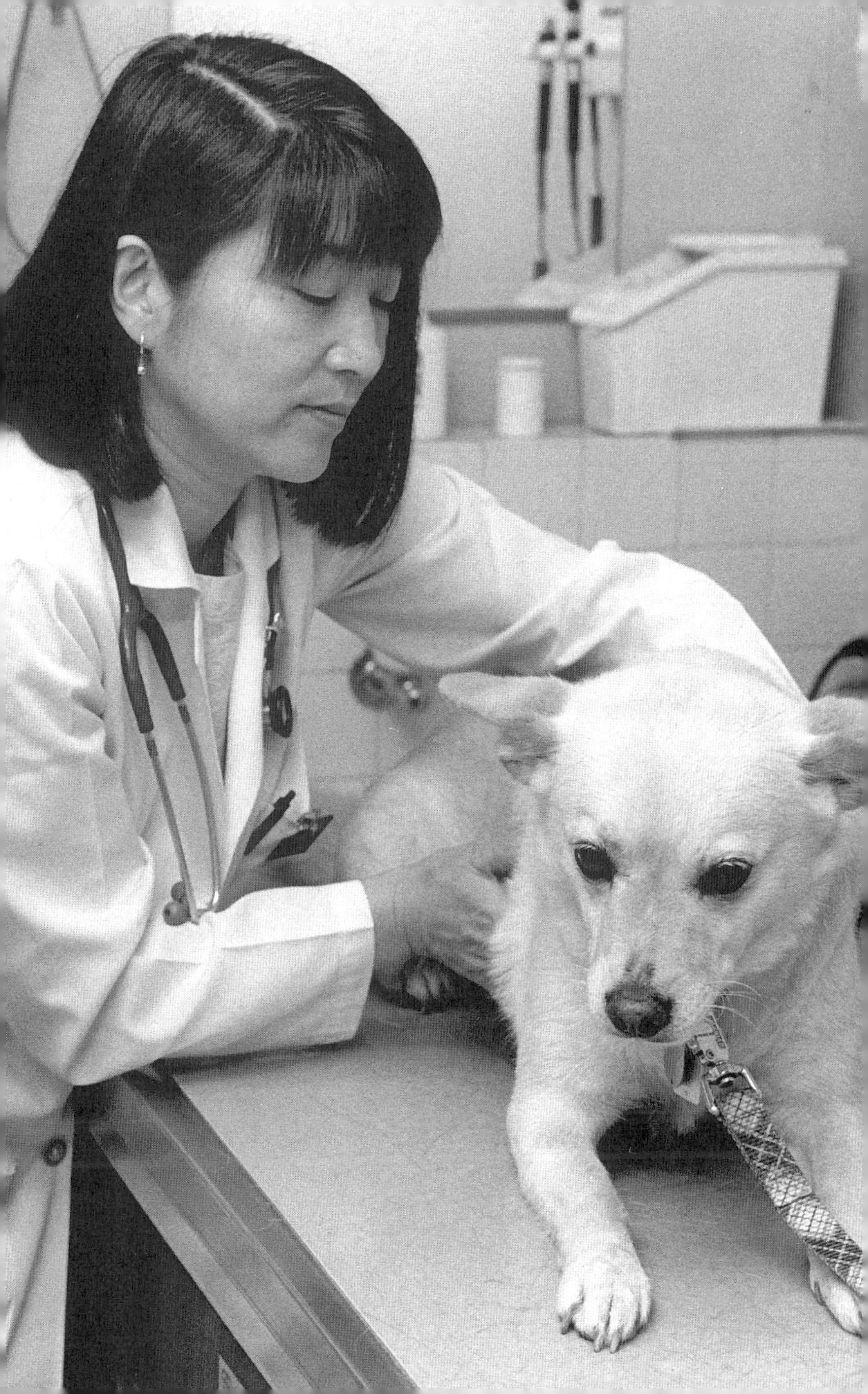

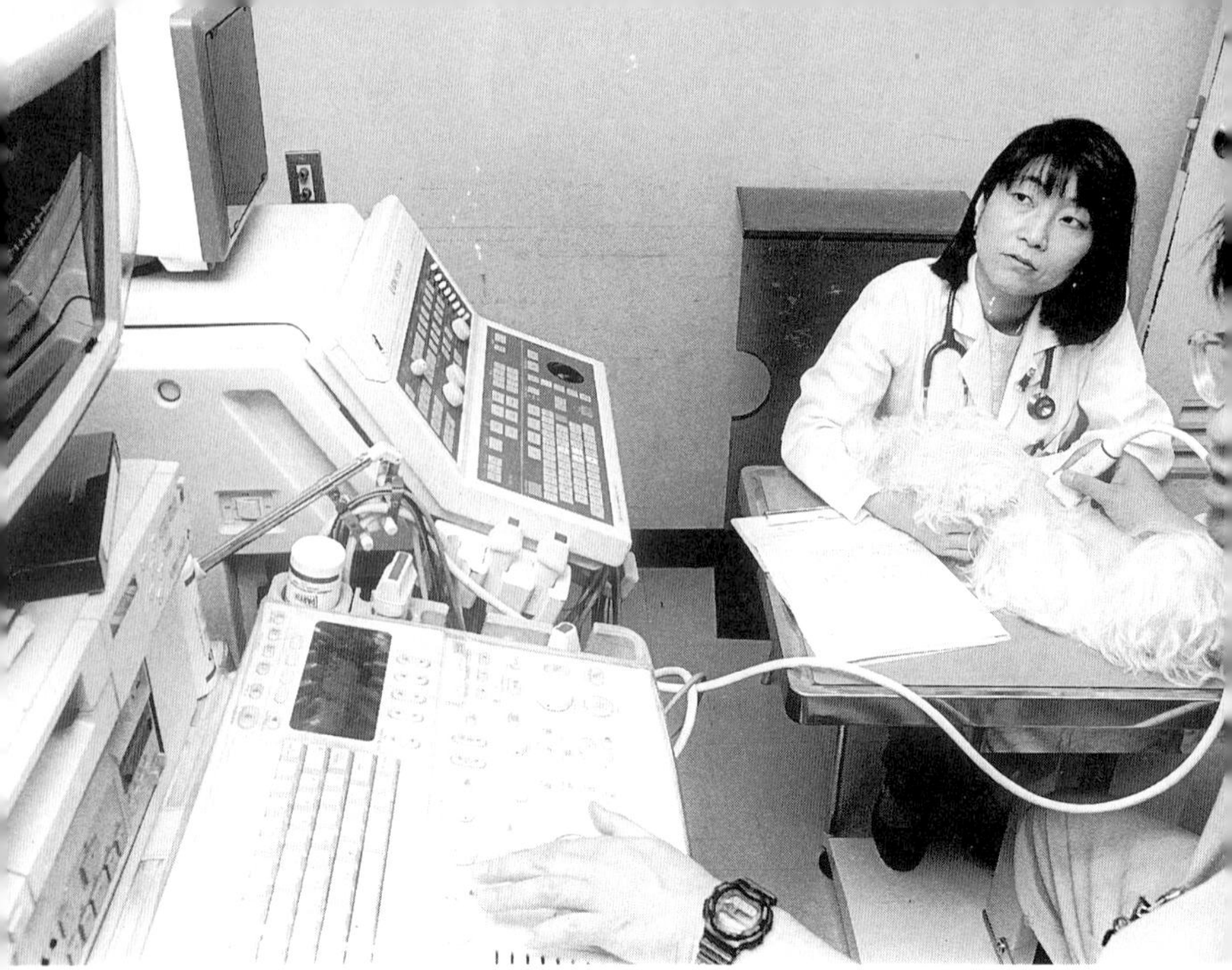

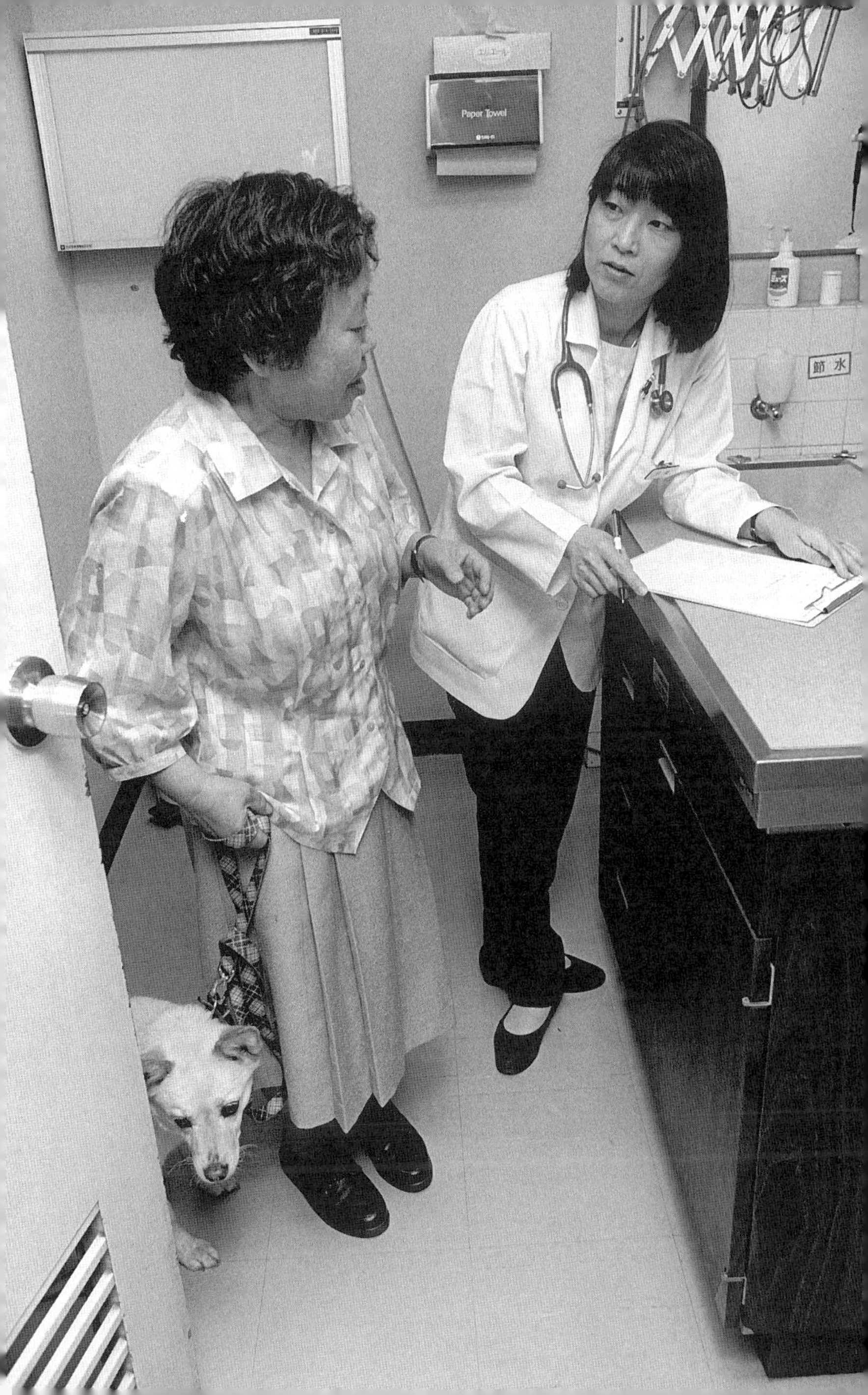
Paper Towel
節水

なりません。そのためには、どこまでの治療を望むのかということを、明確にしておく必要があります。最良の方法はケースごとに異なるものであり、家族の考え方と動物のクオリティ・オブ・ライフ（生命の質）を大切にしながら、獣医師のアドバイスをもとに、最終的な結論を出すべきでしょう。

―動物病院における獣医師とのコミュニケーションが大切

動物を病院に連れて行ったときに、どのような点に注意して獣医師とのコミュニケーションをとっていけばよいのか、これは前項の「動物病院での飼い主の役割とは？」にも関わってきますが、ここでまとめておきます。

❶ 獣医師の質問に答えるときに気をつけたいこと

なぜ動物を病院に連れて来たのか、つまり、どのような異常が見られたのかを要領よく説明できるようにして下さい。通常は、獣医師が質問して飼い主が答えるという形式で会話が進められます。ここで得られる情報は、獣医師が今後の方針を決定する上で、非常に重要な意味をもっているので、できるだけ正確に答えて下さい。

(1) 動物の変化にいつ気がついたのか？
(2) だんだんひどくなっているか、腫瘤であれば大きくなっているか？
(3) 皮膚病であれば、痒みがあるのか？
(4) 嘔吐や下痢、あるいは癲癇発作などの場合、その頻度はどのくらいか？
(5) 一般状態、つまり元気、食欲、飲水量、運動量、排尿、排便などに変化はないか？
(6) ワクチン接種歴、犬であればフィラリア予防歴
(7) 食事内容、飼っている場所（室内か、屋外か）
(8) 今までにどのような病気をしたか、どのような治療を受けたか？
(9) 現在、ほかの病院にも通院している場合、そちらでの治療、投与されている薬剤に関する情報。薬がある場合は持って行く

〝どうなさいましたか？〟という質問に対して返ってくる答えをもとに獣医師は、診断をしぼるための質問をしていきます。この時、要領よく答えてくれる飼い主であれば、スムースにことが進行するのですが、あまり関係のないこと、たとえば、今まで飼ったほかの犬はこんな

ことはなかったとか、お父さんが甘やかして困るとか、いろいろ話されると時間ばかりかかってしまい、必要な情報が得られません。

❷ 検査を受ける前に理解しておくべきこと

問診をとりながら、あるいはその後で身体検査が行われます。その結果、診断のために検査が必要になった場合、何を明らかにするために、どのような検査が必要なのかを十分に理解しておいて下さい。通常は、獣医師の方から事前に説明があるはずです。理解しておくべき点をあげてみましょう。

(1) 検査の内容。たとえば、血液検査、尿検査、レントゲン検査といったこと
(2) 何を調べるために検査をするのか、検査で何を知ることができるのか？
(3) 検査をするに当たり、毛を剃ったり、苦痛をともなったりということはないかどうか？
(4) 検査の費用

❸ 検査結果の報告を受けるときに注意すべきこと

検査の結果とそれに基づく診断について獣医師の説明を受けます。この時、不明な点については率直に質問するようにし、疑問が残らないようにして下さい。

(1) 検査でどのような異常が認められたのか？
(2) その異常は何を意味しているのか？
(3) いったい、どのような病気なのか？
(4) 今、動物に見られる異常（身体的、検査値）はどのようなメカニズムで起こるのか？
(5) 今、動物はどのような状態にあるのか？
(6) 今後、どのような経過をたどるのか？

❹ 治療方針について説明を受けるときに注意すること

手術を含めた必要な処置、投与される薬剤、治療の選択肢について知っておく必要があります。要点としては次のようなことがあげられます。

(1) 手術の場合、どのようなことをするのか？
(2) 手術の危険性
(3) 手術で、どの程度の改善が望めるのか。完治を前提とした手術なのか？
(4) 内服薬を出された場合、投与量、投与方法を確認する
(5) 薬剤の場合、どのような作用があり、どのような副作用があるのか。副作用が出た場合、どうすればよいのか？

(6) 治療方法にいくつかの選択肢がある場合、それぞれの方法について理解する
(7) 治療にかかる費用

❺ 手術後あるいは治療開始後の経過について説明を受けるときに注意すること

(1) 手術は成功したのか、あるいは何か問題はあったのか?
(2) 手術で問題があったとすれば、それは何か? その問題に対する対応法。
(3) 今後の生活でどんなことに注意すればよいのか?
(4) 手術で摘出あるいは生検（注1）された組織があった場合、それらの組織の病理組織学的検査（注2）の結果はどのようなものであったのか?
(5) 病理組織学的検査結果から考えられる今後の見通しについて。
(6) 治療に対する反応および今後の見通しについて

（注1） 生検とは検査のために組織の一部を採取することで、採取した組織を用いて病理組織学的検査を行います。
（注2） 病理組織学的検査とは、生検材料や摘出された腫瘍などをホルマリンで固定した

後、薄く切って染色し、顕微鏡観察する検査です。これは病院内で簡単にできる検査ではないので、通常、動物専門の検査センターに依頼します。結果が報告されてくるまでには1〜2週間かかります。多くの場合、腫瘍の確定診断には病理組織学的検査が必要です。また、腫瘍の場合、転移や再発などを含む予後判定のためにも病理組織学的検査はたいへん重要です。

――病院に動物を連れて行く以前の飼い主の責任――最低限のしつけ

これはここで取り上げる問題ではありませんが、動物の健康を守るため、病気を治すために必要なことなので、ぜひ実行していただきたいと思います。診察室に入って来たときの飼い主の第一声が〝先生、この子咬みますから注意して下さい〟というのでは困ります。犬の口の中に病変があるような場合には、負傷者が出るのを覚悟して、犬と大格闘をしながら口の中を詳細に調べる、などということはできませんから、全身麻酔をかけましょうということになってしまいます。口の中がどうなっているのかを調べるために、我々獣医師も全身麻酔をかけたいとは思いませんし、飼い主も高い麻酔代を支払いたくないし、犬にしても麻酔をかけられたいとは思わないでしょう。少しの間、いい子に〝あーん〟していてくれれば済むことなのです。初診のときはぐったりしていたために、いい子で触診も十分させてくれ、点滴用の留置針も静かに入れさせてくれたのに、熱が下がってちょっと調子がよくなったら、猛獣のようになって、留置針をはずすこともできなかったという笑えない話もあります。

動物病院で診察および治療を受けるに当たっては、座れ、待て、の号令に従うことができれば十分です。もちろん、咬まないことは前提ですし、少しの我慢も必要です。飼い主がリーダーシップを取れる関係を作って下さい。

動物が言うことをきいてくれないために、必要な治療ができなかったり、治療することが逆に動物の負担になってしまう、というようなことがないようにしたいものです。どうぞ、動物のためにきちんとした〝しつけ〟をして下さい。これは飼い主の責任です。いい子にさえしていてくれれば病気も治ったのに、という後悔をしないですむようにして下さい。

インフォームド・コンセントとその重要性

最近、インフォームド・コンセントという言葉をよく耳にします。インフォームド・コンセントとは何でしょうか。医学領域では、〝患者に対する十分な情報提供と患者による今後の治療法の選択〟となりますが、動物医療においても患者が飼い主に置き換えられるだけで、内容は全く同じです。

もう少し具体的にお話ししましょう。たとえば、犬の顎の下や脇の下、鼠径部のリンパ節が腫脹し、元気も食欲も低下し、熱もあるようなので動物病院に連れて行ったとしましょう。獣医師は、身体検査の後、腫脹しているリンパ節の細胞診の必要性を説明します。検査の結果、リンパ腫と診断されました。ここで、獣医師は飼い主にも理解できる言葉で、リンパ腫とはいったいどのような病気なのか、予後、治療方法について説明する必要があります。この中には、治療をしなかった場合の経過や、予後についての説明も含まれていなければなりません。体表のリンパ節が腫脹してくるタイプのリンパ腫は、抗癌剤に非常によく反応するので、抗癌剤による治療が最も一般的です。抗癌剤は著明な効果を示しますが、副作用もあります。抗癌剤を投与した場合の治療のゴール、つまり、獣医師はどの程度の成果をもって治療が成功したと考えているのかということを、しっかりと説明する必要があります。どの程度の延命が期待できるのか、治療中どのような副作用が起こり得るのか、その程度や頻度、生命の危険性などに関する詳しい説明、さらに、抗癌剤を使用しない治療の可能性についても、説明が必要です。もう1つ、費用と治療のスケジュールに関しても、明確にしておかなければなりません。これらの説明は、獣医師が一方的に行うのではなく、飼い主の質問に答えながら進めていきます。ここまでが〝飼い主に対する十分な情報提供〟、つまり、正しい診断に基づいた病気の説明と治療方法に関する情報提供になります。

次は、〝飼い主による今後の治療法の選択〟です。リンパ腫の場合、治療法の選択肢として、(1)抗癌剤を投与する、(2)抗癌剤は投与せず対症療法のみを行う、(3)治療は行わずこのまま家で看取る、が考えられます。もちろん、病気の進行状況により選択の範囲は異なりますが、治療可能な動物の場合、獣医師としては抗癌剤を投与したいと思いますが、どの方法を選択するかは飼い主が決めることであり、我々獣医師は飼い主が納得のいく答えが出せるようにサポートします。

以上のような一連の作業が、動物医療におけるインフォームド・コンセントです。インフォームド・コンセントがきちんと行われることが、すべての始まりと言っても過言ではありません。十分納得できるまで、獣医師に質問して下さい。この時点で、疑問や説明不足に対する不満があったりすると、動物が亡くなったときに自分を責めたり、病院関係者を恨んだりすることになります。飼い主は十分な説明を受ける権利があり、それに従って適切な判断をする義務があります。

人の医療の場合には〝告知〟、つまり患者に癌であることを伝えるか否かということが、常に問題になるようですが、動物医療の場合には、飼い主に検査の結果および病名を伝えるということから、すべてがスタートします。飼い主と獣医師の間のコミュニケーションが、とても大切な理由はここにあるのです。

――生命の質（QOL）を大事にしたターミナルケア

積極的な治療を行うことができない状態になったとき、つまり、病気や外傷など原因は何であれ、治療により動物の状態を今以上に改善させることができなくなったとき、飼い主はどうしたらよいのでしょうか。病気そのものに対する治療はできなくても、できるだけその動物のクオリティ・オブ・ライフを維持、向上させるような治療を行うことは可能な場合があります。たとえば、末期の癌で外科的に腫瘍を摘出したり、癌を縮小させるような治療ができない場合でも、痛みを緩和したり、体力をつけるために、栄養価の高いものを食べさせたりすることはできます。

ある種の疾患においては食事療法が不可欠ですが、末期になり状態が悪くなると、いわゆる栄養管理食の類いを食べなくなる動物がほとんどです。このような場合、栄養管理食を食べないと言って黙って見ていないで、動物の食べたがる物、食べられる物を与えて下さい。低蛋白食を与えるように指示されていたとしても、もしも刺身や肉ならば食べるというのであれば、どうぞ食べさせて下さい。

ターミナルケアをどこで行うかという問題については、動物の場合、多くの選択肢があるわけではありません。家庭で面倒を見るか、動物病院に依頼するか、どちらかです。動物病院に入院させる場合には費用がかさむこと、さらに、動物は家族から離れてひとりで入院室のケージの中で生活しなければならないことになります。どうしても世話ができない場合を除き、ターミナルケアは家庭で行う方がよいと思います。しかしながら、もちろん動物の状態によっては入院させざるを得ないこともあります。どのような形にせよ、精いっぱい看病して悔いのないようにすることが大切です。動物が亡くなってから、ああしてあげればよかった、こうしていればよかったということがないようにして下さい。そのためには、自分はこうしたいという意志を獣医師にきちっと伝える必要があります。

死を目前にした患者を対象に、死の瞬間について研究したエリザベス・キュブラー・ロス女史は、人間は死ぬ前に、否定、怒り、葛藤、取り引きという段階を経て、死を受け入れるという最終段階、つまり受容に至ると述べています。さらに、これは死ぬ本人だけではなく、家族にとっても同じことが当てはまり、受容して死ぬことが本人にとっても家族にとっても、最も望ましいと述べています。動物の場合には、本人の気持ちの変化は不明ですが、少なくとも飼い主は、これとほぼ同様の段階を経て、動物の死を受容するものと思われます。

動物におけるターミナルケアを考える場合、どうしても次の項でお話しする安楽死の問題を無視するわけにはいきません。動物の状態と飼い主のケア能力を総合的に評価し、その動物にとって最良の方法を選択する必要があります。

◎安楽死の実際――飼い主はどうすべきか？

人の医学領域では、患者の意志により延命治療を拒否する尊厳死は認められていますが、積極的安楽死、つまり薬物により患者を死亡させることは、たとえ患者本人から依頼されたとしても認められていません。しかし、動物医療の中では時としてこの安楽死に、最後の救いを求めなければならないこともあります。

ここで扱う安楽死は、病気や事故などにより動物のクオリティ・オブ・ライフが保てなくなった場合に、やむを得ず行うものであるということを明確にしておかなければなりません。このような場合の安楽死に関しても、獣医師によって考え方は様々で、私とは意見を異にする先生もおられます。

末期癌あるいはその他の疾患でも、現在の動物医療では助けることができない状態、たとえば、呼吸困難あるいは薬物でコントロールできない痛みがあるような場合には、安楽死を考える必要があると思います。安楽死は決して安易な結論であってはなりませんが、動物がすでにクオリティ・オブ・ライフを維持できなくなった場合、つまり、生きているのがつらい、苦しい状態に陥った場合には、必要な選択であると考えます。安楽死を決心するに当たっては、決して無理があってはいけません。自分の気持ちの整理がつかないまま、安楽死が行われるようなことがあると、必ず後で苦しむことになります。しかし、自分の満足のために、苦しんでいる動物をただ生かしておくというのも考えものです。

❶ 安楽死を決定する要因

安楽死を考えなければならないのは、どのような時でしょうか。基本的には、呼吸困難とコントロール不可能な痛みと言えます。たとえ、癌と診断されたとしても、それだけですぐに安楽死を考える必要はありません。手術で完全に摘出されるような癌であれば、その後は元気に天寿を全うすることも可能です。しかしながら、手術が非常に難しい部位に癌ができていたり、転移していたり、あるいは動物の状態が悪いために、手術を含めた積極的なアプローチができない場合には、なるべく動物に負担のかからない、対症療法を中心としたターミナルケアを行うことになります。通常、この時点で獣医師から動物の状態が悪化したときの治療の選択肢として、安楽死が提示されますが、具体的な時期については、動物の状態を見ながら慎重に決めることになります。

動物の安楽死については、もう一つどうしても無視できないことがあります。それは飼い主側の要因です。野生の動物ではないペットの場合、動物は必ず飼い主とペアを組んで生活しています。飼い主が体力的、時間的および経済的に、重病の動物を看病できない場合には、非常に悲しいことではありますが、安楽死を選択せざるを得ないことがあります。

ニューヨークの獣医師、バーナード・ハーシュホンは、安楽死を決断する際の6つの基準を次のような質問形式で記しています。

① 現在の状態が快方に向かうことはなく、悪化するだけか？
② 現在の状態では治療の余地がないか？
③ 動物は痛み、あるいは身体的な不自由さで苦しんでいるか？
④ 痛みや苦しみを緩和させることはできないか？
⑤ もしも回復し、命を取りとめたとして、自分で食事をしたり排泄をしたりできるようになるか？
⑥ 命を取りとめたとしても、動物自身が生きることを楽しむことができず、性格的にも激しく変わりそうか？

ハーシュホンは、これら6つのすべてに当てはまるのであれば、安楽死させるべきであると述べています。また、③か④の答えがノーであれば自然死でもよいとしていますが、その場合、必要な世話をすることができるか、世話をすることが家族の生活を大きく脅かすことがないか、また、治療費を負担する経済力があるかといったことをよく考える必要があるとしています。

❷ 安楽死の実際

安楽死とはいったいどのようなことなのかを、正しく知ることで不要な心配が取り除かれるのではないかという観点から、安楽死がどのように行われるのかという疑問にお答えします。

安楽死を行う場合に用いられる薬剤は、ペントバルビタールという注射麻酔薬です。安楽死には、麻酔量を超える過剰な量のペントバルビタールを、静脈内にゆっくりと投与します。麻酔量のペントバルビタールが投与された段階で、動物の意識と痛覚は完全に失われ、それ以上の薬物が投与されると呼吸停止、続いて心停止が起こります。この間、動物が動いたり、苦しがったりすることは絶対にありません。

安楽死に用いる薬剤は、すべて静脈内に投与するものなので、まず、点滴を行うときと同じ要領で留置針を設置します。留置針は通常後肢の血管に設置し、安楽死を行っている間、飼い主が動物の顔を見ながら、最期のお別れができるようにします。抱いたりするときに都合がよいので、留置針に延長チューブを接続し、その先に薬剤の入った注射筒をつけます。もう一度意志の確認を行ってから、ゆっくりと麻酔薬を投与していきます。動物の意識は次第に薄れていき、深い眠りに入ります。意識も痛覚も全くなく、静かに呼吸が止まります。続いて心臓が停止し、動物は静かに永遠の眠りにつきます。

安楽死は英語でEuthanasiaと言いますが、語源はEu＝good or easy、thanatos＝deathとされています。苦しみのない〝良い死〟という言葉のとおり、動物の末期医療の中で行われる安楽死は静かで安らかな死です。

❸ 安楽死を行うときに飼い主はどうすべきか？

私は安楽死を行うとき、できるだけ飼い主に動物と一緒にいて欲しいと考えています。動物にとっても、長年生活を共にしてきた飼い主に抱かれながら、あるいは頭を撫でられながら、天国に行きたいと思っているのではないでしょうか。また、飼い主にとっても、愛する動物の最期がどうであったかということは、後々まで尾を引く問題です。獣医師は安楽死と言ったけれど、本当に苦しまなかったのだろうか、本当に静かに眠るように逝ったのだろうかと気になるはずです。

最初はとても安楽死には立ち会えないと言っていた飼い主も、実際に動物が眠るように最期の時を迎えるのを自分の目で確認した後は、ほとんどの飼い主が一緒にいてよかったと述べています。安楽死をしたということ、またその時期が適切であったかどうかについては、その後もあれこれと思いめぐらすことになりますが、安らかな最期を迎えたという事実は、ペット・

ロスから立ち直るとき、飼い主にとって大切な支えになるように思います。

どうしても安楽死に立ち会えないと考えている人、あるいは過去に立ち会えなかったという人も自分を責める必要はありません。皆一生懸命考えてのことであり、動物を愛する気持ちに変わりはないのですから。

❹ 安楽死を決定するに当たってすべきこと（安楽死を考え始めたときにすること）

安楽死を決定し、実際に行うに当たっては、飼い主と獣医師が一体となって考え、意見を交わし、最終的な結論を出す必要があります。動物の状態が悪化し、飼い主として安楽死を考え始めたときに、何をすればよいのでしょうか？　まず、いちばん大切なことは、安楽死をすることが適切な処置であるのかどうか、つまり動物にとって最良の選択なのかどうか、ということの是非を明確にすることです。獣医師は動物医療の専門家として、動物の状態を評価し、その動物の安楽死に対する見解を述べますが、最終的な決定権は家族にあります。各人の死生観や宗教観、さらには個人的な過去の経験などにより、安楽死に関する判断基準は異なるため、一般的なガイドラインを設定することはできません。次に、安楽死に関する正しい情報を得ることです。安楽死の方法やプロセス、その時動物はどうなるのかなどについて、獣医師から説明を受けて下さい。安楽死とはいったいどのようなことをするのかを知っておくことは、安楽死を決定するに当たってとても大切です。

安楽死を行う決心をした後および安楽死の後のことで、事前に決めておいた方がよいことがいくつかあります。まず、どこで安楽死を行うのかということです。通常、病院に入院している場合は、そのまま病院内で行うことになると思いますが、自宅で療養している、あるいは入院している場合でも、どうしても自宅で最期を迎えさせたい、という強い希望がある場合には、往診という形で対応してもらえるかどうか、獣医師に相談してみて下さい。しかし、安楽死は獣医師にとっても極めて精神的ストレスの大きな仕事であり、往診先で自分1人で安楽死を行うことは、できれば避けたいと思っています。動物の死後、遺体をどうするのかということは、できるだけ事前に決めておいた方がよいと思います。動物専門の火葬場、寺院、墓地に関しては、自分で調べることもできますし、動物病院で聞いてもいいでしょう。

❺ 遺体解剖

動物の死亡原因が全くわからない、あるいは、確定診断がつかないまま死亡してしまったという場合、動物の死に対して納得がいかず、いつまでも気持ちの整理ができないことがあります。このような場合、遺体解剖を行うことにより、死亡原因が究明できたり、病気の進行状況が明らかとなったり、また、最終的な診断が可能となることがあります。もし、遺体解剖に対する心の準備ができているのであれば、獣医師に申し出て下さい。この場合も家族の中での意見調整は大切です。皆が納得した上での結論でないと後で問題となります。時には、獣医師の側から遺体解剖をさせて欲しいという申し出があると思います。この場合、理由は様々でしょうが、今後同様の病気の動物のために、何らか寄与するところがあるはずです。可能な限り協力していただきたいと思います。

──次の動物と暮らし始める時期はいつがよいのか？

愛する動物が亡くなった後、いつ新しい動物と暮らし始めることができるようになるのかに関しては、人により様々で、一般論はありません。

次の動物と暮らし始める場合、その動機がとても重要です。もしも、亡くなった子の身代わりとして次の子と暮らすというのであれば、ちょっと待って下さい。動物の種類、品種、性、姿形が似ている動物を探すことはできますが、性格やしぐさ、行動までそっくりな動物を期待することはとても難しいことです。新しい動物との新しい関係を築く準備ができないまま、ただ外見だけそっくりな身代わりの動物との生活を始めた場合、〝あー、あの子はこんなふうじゃなかった〟とか〝あの子だったらこうしてくれたのに〟などと新しい動物に対する不満ばかりが目につき、愛情を持つことができない可能性があります。寂しい、あの柔らかい毛に触れたい、いなくなった子の隙間を埋めたい、○○ちゃん帰ってきてという理由で、新しい動物と暮らし始めるのは危険です。逆に、周囲から〝寂しさがまぎれるから、早く次の子を手に入れなさいよ〟〝忘れるためには新しい動物と暮らすのがいちばんよ〟などとアドバイスされ、自分ではそんな気持ちになれないのに、次の動物と暮らし始めてしまうケースもあります。また、さらに強引なケースとしては、半ば押しつけられた形で新しい動物との生活を始めてしまう人もいます。そのうち愛情が芽生えるかなと期待して暮らしていたのに、思い出すのは亡くなった子のことばかり、どうしたらいいのでしょうか、という話も実際にあります。

まれには、何か運命的な出会いによって、新しい動物との生活が始まることもあります。このような場合には、ペットの死から時間がたっていなくても、あるいは死亡する前であっても、受け入れがスムースにいくことが多いように思います。

愛する動物を亡くした後の悲しみのプロセスについては、第4章「ペットの死、その時あなたは」で詳しく説明されていますが、多くの人はある時期になると気持ちの整理ができるようになります。この時期がおとずれるまでの期間は人により様々ですが、亡くなった動物のことを思い出として考えることができるようになり、新しい動物と一緒に暮らしてみようかなと自然に思えるようになります。この時期がその人にとっての〝いつ〟なのではないでしょうか。

反対に、亡くなったペットに対する愛着心や、愛情を放棄することになるのではないかと考え、新しい動物と暮らすことに罪悪感を抱いてしまう人がいます。特に、動物が亡くなった原因に関して責任を感じている場合は、このような傾向が強く現れます。新しい動物と暮らすことは決して、亡くなった子を裏切ることにもなりませんし、忘れることでもありません。愛する動物の死やそれにともなう悲しみを乗り越えることによって、人は成長し一歩前進することができるのです。

――最近のペットの死亡原因の変化

犬および猫における死亡原因を考えてみますと、20年程前とは随分変わってきています。同じ日本国内でも地域差があるので一概には言えませんが、ウイルス性疾患に対する予防接種が徹底してきたために、犬のジステンパーや伝染性肝炎、猫の汎白血球減少症などで死亡する動物の数は極端に少なくなりました。また、心臓内に寄生する虫、フィラリアによって多くの犬が命を落としていましたが、投薬が容易で有効な予防薬が普及し、都市部では典型的なフィラリア症を見ることは少なくなりました。これらの病気による死亡率の低下は、有効なワクチンや予防薬の開発によるところが大きいのは事実ですが、きちっとワクチンを接種し、予防薬を投与した責任ある飼い主の存在があって、初めて果たし得たことだと思います。

では現在、犬や猫はどのような原因で死亡することが多いのでしょうか？　もちろん、人と同様、老衰で天寿を全うする動物もたくさんいます。心疾患、呼吸器疾患、腎疾患、腫瘍性疾患、内分泌疾患、血液疾患、感染症などなど、死に至る病気は多々ありますが、頻度の高い疾患としては、犬では心疾患と腫瘍性疾患、猫では腎疾患、腫瘍性疾患があげられると思います。

犬の心疾患といっても、フィラリア症ではなく、心臓の弁がうまく閉じなくなって血液が逆流したり、心臓の筋肉が弱って力強く収縮できないために、いろいろな障害が生じるものです。腎臓の機能障害は〝老齢猫の持病〟と言われるほど、高齢の猫で多く見られる疾患です。最終的には腎臓で尿が産生されなくなるために、体の老廃物が排泄できなくなり死に至ります。

腫瘍は人と同様に、犬と猫においても主要な死亡原因です。2000頭の犬の死後解剖を行った結果、全体の23％、10歳以上の犬では45％が腫瘍のために死亡したと報告されています。近年、腫瘍が増加傾向にある理由として、動物の平均寿命が長くなり、多くの動物が腫瘍好発年齢まで生きるようになったことがあげられます。腫瘍の発生頻度は犬の方が猫よりも高く、2倍以上となっています。腫瘍の発生部位を見てみますと、犬と猫では大きく異なっています。犬では、乳腺腫瘍が圧倒的に多く、全体の約半分を占めています。次に多いのが皮膚の腫瘍で全体の約¼を構成しています。猫ではリンパ系組織の腫瘍が最も多く、全体の⅓弱を占めています。猫の乳腺腫瘍は、皮膚の腫瘍に次いで3番目に多い腫瘍です。猫の乳腺腫瘍は全体の70～90％が悪性腫瘍ですが、犬の乳腺腫瘍のうち悪性腫瘍の割合は約50％となっています。

猫の場合は、いまだ有効なワクチンが開発されていないものも含め、ウイルス性疾患で死に至るケースも少なくないことをつけ加える必要があります。猫白血病ウイルス（FeLV）、猫伝染性腹膜炎ウイルス、猫免疫不全ウイルス（FIV）、猫汎白血球減少症などがありますが、FeLVやFIV感染では免疫力が低下するために二次的な感染症が引き起こされることもあります。また、FeLVは腫瘍性疾患、特にリンパ系および造血系の腫瘍とも深い関連があります。

第3章 生き別れにみるペット・ロス

杉本　恵子・山口　千津子

―生き別れ――絆が断ち切られる原因

ペットの死による別れ以外にも、長年共に暮らしてきた動物たちと様々な理由で暮らせなくなり、「別れ」を選択せざるを得なくなることがあります。また、愛情を注いでいた動物が行方不明になり、突然「別れ」がおそいかかってくることもあります。

❶ 住宅事情

狭い国土に1億2700万人が住んでいる日本。さらに、人々は都市に集中しているため、高層集合住宅化が進み、東京では集合住宅が70％近くを占めるようになりました。その上、最近ペット可のマンションが増えつつあるとは言っても、まだまだ大半の集合住宅では、ペット（小鳥と魚は除く）の飼育が禁止されているのが現状です。引っ越しをしなければならなくなった段階で、いろいろ手を尽くして、犬や猫を新しい家に連れて行けるように努力しなければなりません。

努力したにもかかわらず悲しい結果になった一例を紹介します。自閉症の子供の友達にと犬を飼い始めた家族がありました。その犬によって子供の心は徐々に開き、家族とも言葉を交わせるようになり、明るさを取り戻していきました。この家族にとって、犬は非常に大切な家族ですから、マンション購入の際にも、もちろん犬と共に住めるところを探していました。やっと見つけたマンションは、購入時にはペットの飼育は禁止されていなかったし、マンション販売業者にも確めて「いいですよ」と言われたので、購入し、犬と共に入居したのです。それが、後になって規約が作成され、このマンションの管理組合総会で承認されて、ペットの飼育が禁止されてしまいました。

しかし、大切な家族を見捨てることなど到底できません。数年後、管理組合から「規約に違反している」と裁判所に訴えられました。一審の横浜地裁では「規約がすべて」ということで負け、東京高裁に控訴しましたが、残念ながら二審でも同じ理由で負けてしまいました。

これは珍しいケースかもしれませんが、このような「別れ」に直面したとき、まずは八方手を尽くして、その動物たちを温かく迎えてくれる家庭を探すことに集中するしかありません。ただ、とても良い家庭が見つかったとしても、大切な家族と別れなければならないのです。そして、もうその温かみを感じることはできないという痛みや悲しみは残るでしょう。

❷ 近隣とのトラブル

犬を飼い始めたが、感受性・反応性が高く、鳴きっ放しに鳴いて、近隣の人々からうるさくて寝られない、鳴き止ませることができないのなら、保健所へ連れて行くようにとせまられるというようなことがあります。運動を十分させる、去勢をする、訓練士につけるなどの努力をしたが改善が見られずに、「別れ」を選択する飼い主もいます。この場合、飼い主は、何かほかにむだぼえを止めさせる方法があったのではないか、あるいは自分の努力が足りなかったから、このようなことになってしまったのではないか、と後悔の念にさいなまれることもあるでしょう。

また、大型の飼い犬と散歩中に、近所の子供が急に近寄り手を出したために、犬が子供を咬んでしまったという事件で、子供の親からその犬を処分するよう求められ、泣く泣く「別れ」を選択したというケースがありました。この場合は後悔だけではなく、理不尽なという思いも残ったのではないでしょうか。

❸ 飼い主の身体上の問題

最近特に多いのが、アレルギーあるいはぜん息と診断され、医師から同居している動物をどこかにやるように言われるケースです。公園で弱った子猫を見つけ、保護し、懸命に世話をしたかいあって元気に育ち、猫と幸せな日々を送っていた人が、まぶたが腫れ、鼻水が止まらなくなったので病院で検査を受けた結果、猫アレルギーと言われ、猫をよそにやるよう忠告されたという例があります。愛する猫との「別れ」を選択せざるを得なくなった自分の体をうらめしく思う人もいるかもしれません。

また飼い主が事故に遭って障害を持つ、あるいは病気で動物の世話が十分にできなくなった場合、飼い主としての義務が遂行できないので、動物の将来の幸福を考え、新しい飼い主に託すという「別れ」を選択することもあります。なかには、医師から入院を勧告されているにもかかわらず、新しい飼い主が見つからないため、入院を拒み、犬の世話を続けていて、飼い主の病状がどんどん悪化しているという話も耳にしました。

❹ 飼い主の生活状況の変化

今まで順調な生活を続けていたのに会社が倒産した、知り合いの借金の保証人になっていたために、自分が返済しなければならなくなった、などにより急に経済的に困きゅうし、生活が立ちゆかなくなったために、動物と共に暮らし続けることが難しくなり、「別れ」を選択する場合もあります。しかし、「短い間でも共に暮らした家族とは別れ難く、夜逃げにも2匹の猫を連れて、食物も人間と分け合って寄りそって生きて来たんですよ。この猫たちがいたからこそまで頑張れたんです」という家族に出会ったこともありました。

❺ 動物と家族とのトラブル

「飼い犬が急に家族を咬むようになった。原因もよくわからないし、訓練士の人からも5〜6歳になってからの訓練は難しいと言われた。このままでは家族と犬が心を通わすこともできず、子供はこわがるし、いずれ家族は傷だらけになるのでは」と悩み、家族会議の結果、「別れ」を選択するというケースもあります。なぜ咬むようになったのか、という原因があるはずなのですが、それがわからないと言われ、悲しみと苛立ちが生じるのではないでしょうか。

❻ 災害

日本においては、台風、地震、火山噴火、大雨、大雪など自然災害はいつ起こっても不思議ではありません。雲仙普賢岳の大火砕流、阪神・淡路大震災、有珠山・三宅島雄山の噴火、新潟の洪水と中越地震などなど。これらの災害は、人間だけではなく動物にも多大な影響を及ぼします。

特に人間に飼育されている動物たちは、飼い主がその生命を掌握しているのですから大変です。産業動物もそうですが、家族の一員であるペット動物も災害時には、災害の直撃を受け死傷するもの、飼い主の死に遭うもの、飼い主とはぐれ、家を失って路頭に迷うものなど、人間と同じ運命をたどります。自分の生命は助かったが、同居していた動物が死亡した場合には、瞬時の出来事であっても、助けられなかったことを悔やみ、はぐれてしまった場合には、その動物を探し続けます。幸いにも共に避難することができ、恐怖をくぐり抜けたことから、精神的にもぴったり寄り添って暮らしている人と動物たちがいる一方で、せっかく、共に生きのびたのに、何もかも失い、娘や息子の家庭に同居、あるいは公営住宅にやっと入れることになり、犬や猫の同居を拒まれて、断腸の思いで「別れ」を選択する人々もいます。

阪神・淡路大震災の時には、20日ほどの行方不明後、探し続けていた飼い主と再会することができたという奇跡のような猫の話や、崩壊した自宅のガレキの隙間で2週間しのぎ、飼い主が見つけたときには、骨と皮の体で精いっぱいの喜びを表したという猫の話なども、いくつか報道されました。しかし、毎日毎日探し歩き、人に尋ね、ポスターを貼っても、探すことができなかったという例も多くあります。最悪の場合、死体も見つからず、飼い主としては、ひょっこり自宅のあった場所にもどって来るかもしれないと、一縷の望みを託してみたり、もしかしたら、やさしい人に拾われて世話を受けているのではないかと思ってみたり、気持ちは様々に揺れ動いていることと思います。

❼ 行方不明

右記のような災害時以外でも、ペットが突然いなくなることがあります。たとえば、ちょっとドアを開けた隙に外に出てしまい、行方がわからなくなった、庭に放していた犬を盗まれた、家の内外を自由に出入りしていた猫が、帰って来なくなったなどなど。飼い主は動物管理事務所や保健所に届け出、警察にも連絡し、ポスターを貼ったり新聞に出したりと、あらゆる手段をつくして、いなくなった動物を探そうとします。しかし、どうしても見つからない場合、生きているのか死んでいるのかもわからず、動物業者に売られたのではないだろうか、お腹を空かせているのではないだろうか、いじめられてはいないだろうか、家までの帰り道がわからなくて路頭に迷っているのではないだろうか、ケガをして動けないのではないだろうかなどと、次から次へと不安が飼い主をおそいます。

動物との絆が断ち切られる原因を挙げてみましたが、それらには個人的な理由のみならず、社会的背景が色濃く影を落としている、と言えるのではないでしょうか。そして、人間のみならず同居しているほかのペット動物の中にも、急にいなくなった相棒を探し求め、不安になり、元気がなくなって食欲も減退してしまうものもいる、ということを忘れてはなりません。

ほぼ同時期に拾われて一緒に育った2匹のオス猫の例を紹介します。この2匹の猫たちは、遊ぶのも寝るのも一緒、いつもお互い側にいる、共に約6カ月齢の猫でした。ある日、そのうちの1頭が突然帰って来なくなりました。飼い主は、手をつくして探しましたが、見つからず元気も、食欲もなくなってしまいました。いつも一緒にいた相棒の猫も家の中や家のまわりを鳴きながら探し回り、しょんぼりして、遊ぶ元気もなく、食欲も減退してしまいました。幸運にも、2週間後に、探し続けていた猫がガリガリにやせて、しかし、精いっぱい大きな声で鳴きながら帰ってきました。飼い主の喜びは言うまでもありませんが、相棒猫は、食事の時ですら帰って来た猫の側から離れようとせず、遊びにさそい、やせた体をかかえ込んでなめてやり、そのうれしさを体中で表現していました。

——生き別れたペット動物たちのその後

やさしくて責任ある新しい飼い主を探すべく、最大限の努力をすることは、「別れ」を選択した飼い主の当然の義務ですが、動物の身体状況や性格によっては、それも難しく、飼い主の腕の中で、獣医師による安楽死を選ばざるを得ないこともあるかもしれません。

「生き別れ」の中でも、行く末を見届けられない「行方不明」の場合、動物たちのその後にはいろいろなことが考えられますが、温かい手が差し延べられることは少ないと思われます。放浪犬とみなされれば、法律・条例に基づく捕獲の対象にされ、猫については法律に基づく捕獲はありませんが、地域によっては猫取り業者が暗躍しているところもあります。また、事故に遭っている可能性もあります。普段から行方不明にならないよう出入り口や窓、庭や囲いなどに気を配るとともに、ペット動物に名札を身につけさせるようにしましょう。海外では動物愛護団体が、そのペット動物の情報が入れられた米粒大のマイクロチップを皮下に注入する方法を推奨しています。首輪がとれても飼い主がわかるので安心です。

平成15年度に、保健所や動物管理センターに飼い主、あるいは発見者から引き渡された犬・猫の全国統計（環境省による）を見てみますと、犬が9万5717頭、猫が26万4102匹となっています。犬については年々その数が減ってはいますが、まだまだ膨大な数であり、この数をいつの日か、ゼロにしたいものです。それには、集合住宅で規則を決めて、犬や猫と共に暮らせるようにする必要もあります。兵庫県や大阪府の公営住宅では規則を作って動物の飼育を認めている棟もあり、一般のマンションでも、新築のマンションの50％以上がペット飼育可（規則有）となってきたようです。また、動物の習性や生態に関する理解を深め、動物にできるだけストレスをかけないようにし、さらに、人間社会で共に暮らすために必要なしつけをし、不妊手術を施すなど、社会に働きかけると同時に、私たち自身も動物と人間が共に快適に暮らせるよう努力しなければなりません。

―阪神・淡路大震災の教訓をふまえて

1995年1月17日午前5時46分、我が国有数の人口密集地であり、主要都市である神戸を中心とした兵庫県南部に、マグニチュード7・2という直下型大地震が発生しました。この地震で多くの人と共に多くの動物たちが生命を失ったり、負傷したりしました。被災推計頭数は犬4300頭、猫5000頭と発表されています。また、飼い主を亡くしたり、飼い主とはぐれたり、飼い主と一緒に生活できなくなってしまった動物も多数出現しました。

■シェルターの開設から閉鎖まで■

地震発生から2日後の1月19日には、西宮市の西宮えびす神社前に〝動物救援テント〟が設けられ、傍らのボードには〝猫を探しています。キジトラのオス。名前はラッキー。名前を呼べば、きっと返事をします。人なつっこくて、かしこい子です。地震の直後にいなくなりました〃といった内容の貼り紙がたくさん掲示されました。

この地震のショックが日本列島を電撃のように走ったとき、多くの人々に〝ただじっとしてはいられない〃という気持ちを起こさせました。肉親、知人への思いだけに留まらず、生きとし生けるもの、被災地そのものへの切ない思いが、人々に〝何か自分にできることはないか〃〝何とか手助けをしたい〃という気持ちを呼び起こし、この思いにつき動かされた多くの人々が自然発生的に被災地へと向かいました。

1月21日、兵庫県獣医師会、神戸市獣医師会、日本動物福祉協会阪神支部が中心となって、兵庫県南部地震動物救援本部が設置され、組織的な活動が開始されました。地震発生から9日後には神戸動物救援センター、その後三田動物救護センターが仮設されました。これらの救護センターに収容された被災動物は、合計1548頭、このうち365頭が元の飼い主のところに帰ることができました。残された動物は新しい飼い主のもとに引き取られて行き、救護センターの1年半に及ぶ活動は終了しました。

動物救護センターの運営は、多くのボランティアによって支えられました。救護活動に参加したボランティアは、延べ2万1769人にのぼりました。また、多方面からペットフードを中心にペットシーツ、ケージ、医薬品などの救援物資、義援金が寄せられました。

■救護センターでの動物たち■

私が神戸動物救護センターに着いた時点では、ビニールハウスが建てられ、やっと収容準備の基礎ができたところでした。センター内の活動に関するマニュアルはまだできておらず、気がついた人が周囲の人たちと話し合いながら、すべてのことが進められていました。当初、30頭ほどだった動物も、日を追うごとに数を増やしていきました。傷を負った動物、衰弱しきった動物、病気の動物は、神戸市獣医師会のボランティア獣医師により直ちに処置され、その後も手厚く看護されました。咬みつく犬、怯えている動物、すりよってくる動物、センターに収容された動物の反応は様々でしたが、地震のショックに加え、生活を共にしてきた飼い主と離ればなれになり、全く知らない場所に連れてこられ、知らない人間と動物に囲まれているなどの理由から、どの動物も不安であり、時には半狂乱の状態だったのではないかと思います。人間どうしであればお互いに語り合いなぐさめ合うこともできますが、ストレスを自分自身の中にため込むことしかできない動物たちが、いとおしく哀れでした。

■動物たちと別れなければならなかった飼い主の気持ち■

動物救護センターには保護された動物だけではなく、様々な人や動物がやってきました。どうしても一緒に暮らすことができなくなって動物を預けに来る人、行方不明になった動物を探

大地震——犠牲になったペット達と救援活動

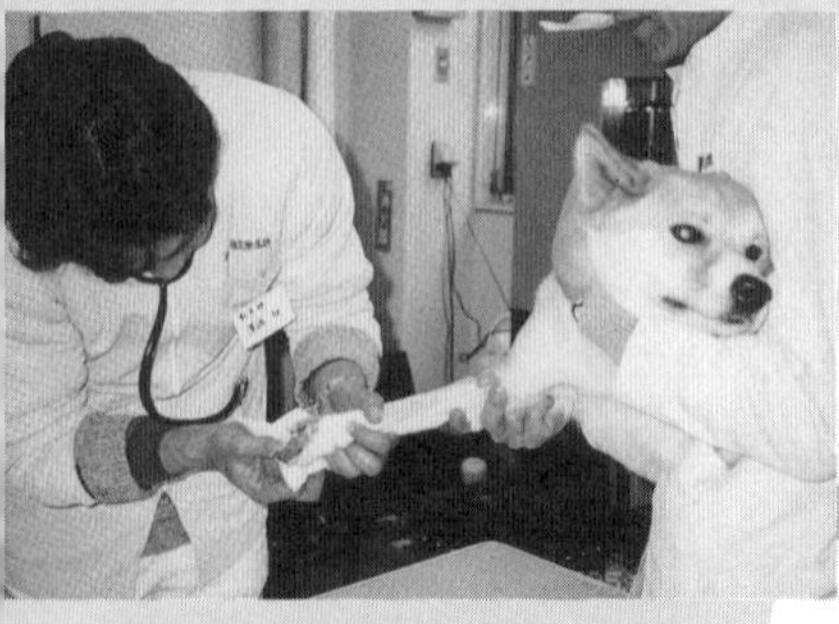

（写真と表は右の「大地震の被災動物を救うために」から）

兵庫県南部地震に伴う被災動物の推定数						
保健所名	世帯数	全・半壊戸数	犬・猫の飼育頭数		被災動物推定数	
			犬	猫	犬	猫
西宮	162,246	1,253	10,043	14,603	70	103
芦屋	33,463	723	2,728	3,012	58	64
伊丹	65,690	396	4,234	5,913	26	36
宝塚	71,558	5,057	5,610	6,411	360	458
川西	46,695	1,389	5,694	4,203	171	127
洲本	15,069	648	2,048	1,315	88	57
津名	20,482	7,071	2,452	1,563	826	540
三原	16,410	561	3,029	1,476	107	50
尼崎	192,340	512	8,679	17,311	27	52
神戸	569,206	41,330	35,637	51,229	2,602	3,540
合計	1,193,159	58,940	80,154	107,036	4,335	5,027

注１）犬の飼育数については、平成６年11月末の登録数
注２）猫の飼育数については、総理府の飼育調査に基づき推計（平成２年５月）
注３）右上の本の表の中から一部抜粋

阪神・淡路大震災犠牲動物慰霊祭
犠牲動物之霊

里親募集

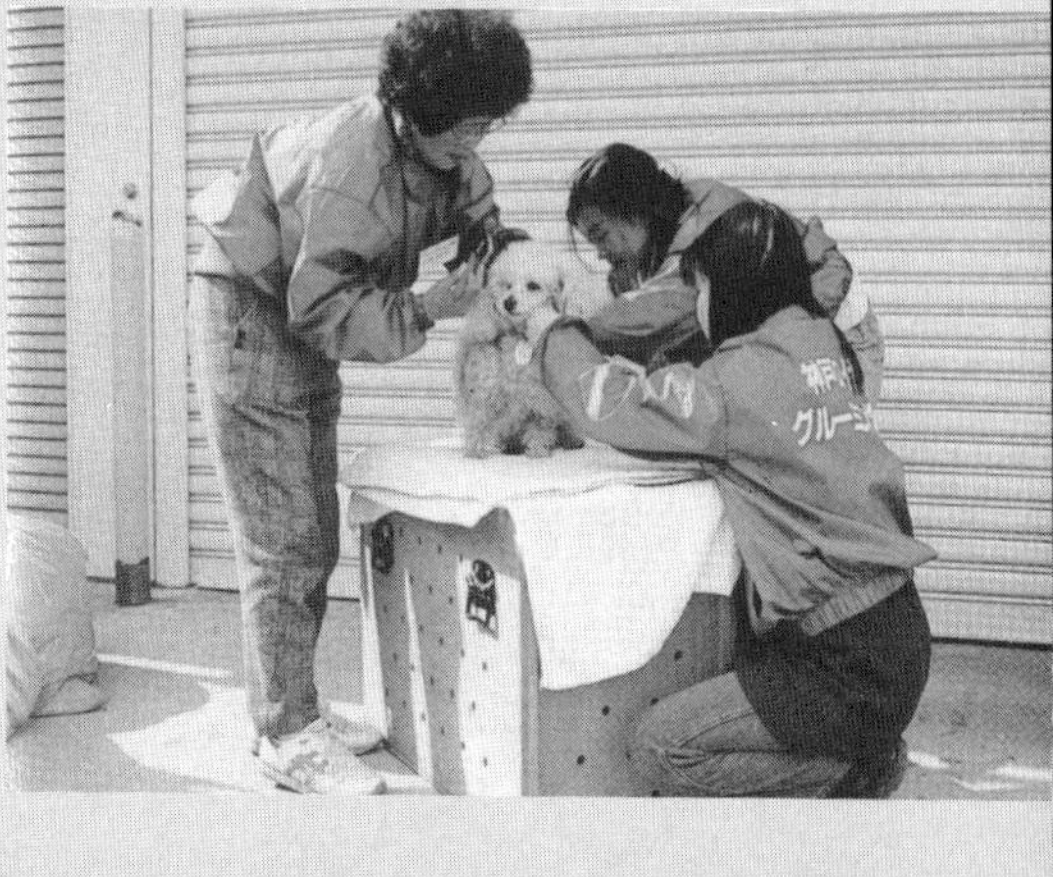

しに来る人、預けた動物に会いに来る人、そして飼い主を亡くした動物（動物側からみれば死別）たち。〝きっと迎えに来るからね〟と言って帰って行った家族の姿は印象的でした。

突然の災害によって、人も動物も生活の基盤である住居を失いました。仮設住宅に動物を連れて行けた人はごく一部であり、親戚や知人を頼る場合、動物まで世話になるわけにはいかないと別れていく人が多くいました。愛する家族である動物を人に託していかなければ自らが生き抜けない現実に、どれほど多くの人が痛みと悲しみを体験したかしれません。

人の救援とともに、動物の救援がボランティアや動物愛護団体だけでなく、国や県の組織として設立、運営されたことは、やむなく動物と別れなければならなかった人々だけでなく、救護センターで働く人々にとっても、大きな励みであり心の支えとなったと思います。

このような非常事態の中で、〝動物を手放す〟、つまり生き別れという選択を余儀なくされた人々にとって、動物たちが新しい飼い主の元で安らかに生活できるようになったことは、何にも代え難い喜びであったと思います。私のところにも神戸からやって来た動物がいますが、先住の動物、自分よりも後からやって来た動物たちとも仲良く暮らしています。

■阪神・淡路大震災から学んだこと■

阪神・淡路大震災の動物救護活動は人、動物、自然、すべてのものが一緒に助けられるということの大切さ、人々の〝家族として、仲間としての動物への思い〟〝動物に対する思いやり〟〝この動物の命を助けるんだという気持ち〟が具体的な形として表現され、それが周囲にも受け入れられたという意味で非常に意義のあることだと思います。

今回のことは、人と動物が一緒に生活していく上で基本となる、〝住居の問題〟〝地域に与える影響〟〝飼い主のマナー（飼い方、周囲への配慮）〟への対応の必要性を改めて考える機会となりました。今までは、動物を飼う場合、〝人に迷惑をかけない〟という最低限の枠の中で処理されてきましたが、仮設住宅での共同生活、新たな住居への引っ越しといった問題により、今まで表面化しなかったこれらの基本的な問題が、大きくクローズアップされる結果となりました。

これからは、動物たちが人間社会の中で市民権を得られるように、飼い主は責任ある飼育を行うとともに、周囲の人々に対する配慮や衛生管理について自覚しなければならないと思います。

そして人と動物の共生について考える時、個人レベルではなく、地域や組織・国を含めての保護活動や法に守られた共生のかたちが必要な時代に入ってきたことを実感させられました。

■阪神・淡路大震災の教訓をふまえて■

阪神・淡路大震災における被災動物救護活動の終結後、全国からいただいた義援金の残りを基金として、いつどこで何がおこるかわからない緊急災害時に被災した動物を救護する全国支援体制が立ち上がりました。それが、緊急災害時動物救護本部です。有珠山・三宅島雄山の噴火や中越地震等のときにも、資金的・人員的に救護活動を支援いたしました。この支援を足がかりとして、地元に、自治体・獣医師会・動物愛護団体・ボランティアが協力した救護体制を立ち上げ、活動するようになりました。

また、阪神・淡路大震災のときには、正々堂々と「仮設住宅はペット同居可」とは言えなかったのですが、中越地震のときには、すべての仮設住宅が正式にペット可となりました。それと同時に、自治体・獣医師会・動物愛護団体が協力して、仮設住宅における動物飼育について相談に乗ったり、指導をすることにしたのです。もちろん、飼い主とはぐれた動物も保護され、飼い主の元に届けるべく探しているのですが、特に猫はなかなか飼い主にめぐり会えない状況が続いているようです。このようなときには、マイクロチップのような個体識別がなされていれば生き別れとなって悲しい思いをすることがなくなるのではないかと思います。

第4章 ペットの死、その時あなたは

高柳 友子・山崎 恵子

動物が私たちに与えてくれるもの

動物は私たちに様々なものを与えてくれます。おかしなことをしては笑わせてくれたり、家に帰ってくると誰よりも嬉しそうに迎えてくれたり、「大好き！」とでもいわんばかりの顔をして見つめてくれたり、嬉しそうに手や顔をなめてくれたり、一生懸命いたずらをして気を引こうとしてみたり。そして、「愛してるよ！」と言って思いきり抱きしめさせてくれます。

１９７０年代から、動物が人間の精神や健康に与える影響についての研究が進み、動物たちは私たちの心や体だけでなく、社会生活にも素晴らしい貢献をしてくれていることがわかってきました。

ペットに関する多くの調査では、ペットは自分にとって家族である、宝物である、と答える飼い主がとても多くなりました。ペットは自分の言ったことをよく理解してくれて、いつも黙って聞いてくれます。だから、毎日よく話しかける人が多いということは、動物が私たちの生活の中で、今まで以上に大切な、なくてはならない存在になってきていることを物語っています。

友人や家族にも話せないことや理解してもらえない自分の感情を、嫌がることなく、黙って耳を傾けてくれるのは動物だけ、ということもあります。動物は決して裏切ることもありませんし、他人につげ口することもありません。反論することもなく、いつでもあなたを受け入れてくれます。

アメリカのある調査で、ペットの死の方が友人や家族の死よりもつらかった、という人が少なくなかったというのもうなずけます。もちろん、ペットと飼い主との関係は様々ですから、あまり話しかけることもなく、1日のうちで一緒に過ごす時間は食事の時と散歩の時だけ、とか、何日かおきに餌を食べに来るだけ（本当はこんな飼い方はもってのほかですが）、という飼い主もいるでしょう。ペットの死の受けとめ方は、それまであなたとペットの関係がどれほど深かったかだけでなく、あなたが今、どのような精神状態にあるかによって随分違うかもしれません。しかし、ペットを大切にしていた人ならば、その死を悲しむ気持ちは同じです。

――動物の死と人の死――その違いは？

動物といっても大切な家族であることには変わりありません。家族と全く同じように、あるいはそれ以上に多くの時間を共に過ごし、世話をしてきたわけですから、その死は家族や友人の死と全く同じように悲しくて当然です。

ただ、大きく違う点があります。それはその悲しみに対する周囲の理解です。以前ある雑誌に、愛犬が死んだあまりの悲しさに会社を休んだOLを変人扱いした記事が載っていたことがありました。友人や家族が亡くなったときには、お通夜やお葬式がありますし、その後も、会う人誰もがお悔やみを伝えてくれます。「大変でしょう」と心配もしてくれます。会社や学校を休むことも許されますし、心おきなく泣いて悲しんでも誰も変人扱いなどしません。

私の友人が、本当に大切にしていた愛犬が死んだので、遺体をお墓まで埋めに行って会社に遅れて出勤したことがありました。何人かの犬と暮らしている人を除いて、全員が理由を聞いて本気で大笑いをしたそうです。その友人が男性であったことも笑われた原因なのかもしれません。「たかが動物が死んだくらいで……」それが、動物と暮らしたことのない人、動物を大切にしたことのない人たちの第一声です。その一言を聞きたくないがために、悲しみを隠し、何食わぬ顔をして仕事に行き、夜になると1人でさめざめと泣く、などという寂しい生活を続ける人も少なくないのです。このような人は女性よりも男性に多いようです。

ペットが死んで悲しいのは当然です。家族が死んで悲しくない方がおかしいではありませんか。一緒に暮らした動物が死んで悲しくて悲しくて仕方がないのは、あなたが動物を愛していた証拠です。だから、堂々と悲しんでほしいと思います。堂々と悲しむことで、その悲しみから立ち直ることができますし、いつまでも悲しみをひきずることを避けられるはずです。

それでは、ペットが死んだときの悲しみから「立ち直る」ということはどんなことなのか、もう少し悲しみについてお話ししたいと思います。

――悲しみのステップ　ペットの死に遭遇した時の心得とは？

悲しみにはいくつかのステップがあります。もちろん、これは先ほども書いたように、動物との関係やその時の精神状態、その人の性格によっても違いますので、このとおりに立ち直らなかったら異常、ということではありません。ここでは、一般的に皆さんがどのようにして悲しみから立ち直っていくかをお話ししたいと思います。そして、今、悲しみの真っ只中にいる方には、必ず悲しみからは立ち直れるのだ、という参考にしていただければ、と思います。悲しみを乗り越えるために、そしてペットとの思い出を素晴らしいものにするために、この悲しみのステップを1つ1つ乗り越えることはとても大切です。

■否　定■

ペットが突然死んだとき、またはもう病気が治らないと宣告を受けたとき、真っ先に私たちが発する言葉は、多くの場合「うそ!!」「まさか!!」です。

うそだ、そんなはずはない。何かの間違いだ。もしかしたら夢かもしれない。この獣医師が言うことが間違っているのかもしれない。ほかの獣医さんに見てもらえば……。そんな否定の言葉が次から次へと浮かんでくるはずです。

これは、私たちが大きな精神的ショックから、逃げようとするために起こる自己防衛反応です。この「否定」のステップから脱出するには時間が必要です。といってもほとんどの場合、何週間も何カ月もかかるわけではありません。早ければ何時間、長くても何日の単位です。直視せざるを得ない現実が続くと、ショックから逃げ切れないことを悟って、次のステップにいく場合が多いと思います。ですから、この「否定」のステップにいる当事者を見かけた周囲の方は、無理やりすぐに事実を認めさせようとするのではなく、少し時間を与えてあげて下さい。自分で現実が続くことに納得できるまで、静かに見守ってあげるのがよいと思います。

死に対する否定ではなく、診断に対する否定の場合は、事態をより早く理解あるいは納得するために、セカンドオピニオンを他の獣医師に求める方がよいこともあります。しかし、否定を続けてセカンドどころか3つも4つもと、あちこちの病院を転々とするのは、どれだけ繰り返しても解決につながりません。

■交　渉■

このステップは不治の病いを言い渡されたとき、または迫りくる死を宣告されたときによくあることです。交渉やお願いの相手は神様であることが多いと思いますが、その動物自身であることもあります。

「神様、私の命と引き替えにこの子を助けてやって下さい」「もう二度とほかの種類の猫にすればよかったなんて言いませんから、病気を治して下さい」「これからはおまえが大好きな缶詰しかあげないからがんばれ！」「もう、二度と散歩をさぼったりしないから」

普段はあまり信仰心のない人も、この時には懸命に神様に祈ったりするものです。私も自分の愛犬ポチが、リンパ腫という病気でもう危ないと聞いたとき、いろいろなものを犠牲にして一生懸命祈ったのをよく覚えています。

■怒　り■

「この獣医師がやぶ医者だから死んだんだ！」「もっと早く診断してくれれば治ったんじゃないか⁉」「どうしてこんなに苦しんで死なせたんだ」「いつも可愛がってあげなかったからこんなことになってしまった」「不注意で目を離したから事故に遭った。俺が殺したようなものだ」「幸せにしてやれなかった。最低の飼い主だ」

とにかく誰かが悪い、誰かのせいでこんなことになったと思い込む、それがこの「怒り」です。怒りの相手は獣医師であったり、家族であったり、自分自身であったりします。獣医師が怒りの的となるのは、死を宣告する張本人だからですし、あなたが動物の命を預けている人なのですから仕方がありません。獣医師もこのような飼い主の怒りを買うこと、そしてほとんどの場合は、それが時間をおいて癒えていくことを、少なからず経験しているはずです。しかし、これは命を預けられた者として最もつらいことだということも、飼い主の皆さんにおわかりいただければありがたいと思います。私自身も人間の医者として多くの人の死に立ち会ってきましたが、その怒りを、患者さんや患者さんのご家族から向けられたときの気持ちは、生涯忘れることができません。

自分に対する怒りは後悔となって残ることがあります。これは長く尾を引くことがあります。後悔があるために、いつまでも「私は二度と動物など飼う資格がない」「あの子のことは誰にも話したくない」と言う人がいます。とても残念なことです。1人でも多くの方に、死に対して後悔を残さないでほしいと思います。私事ですが、私が経験したいくつかのペットの死の中で、後悔に満ちた死と良い思い出になっている死があります。この経験については「後悔のある死、ない死」として章末に書きました。

■受　容■

ひとしきり怒った後に、ようやく「本当に死んだんだ」「治らない病気にかかっていたんだ」という事実が理解できるようになります。理解した、ということはもうあなたが大丈夫で悲しくない、ということではありません。理解して納得したところでようやく本当の深い悲しみが始まります。ここで「たかがペットのことで……」などとほかの人から言われると、大いに傷つくわけです。そんな時には、わかってくれそうな人、以前ペットを飼っていて大切にしていた人、大切にしていた動物の死を経験したことのある人、自分がいかにペットと強い絆で結ばれていたかをわかってくれる人に悲しみを伝えるのもよいでしょう。人は自分の高ぶった感情を誰かに伝えたいものです。どうしたらよいか、という回答をもらうためではなく、ただ聞いてもらいたい、同意してほしい、というのがこのステップなのです。

アメリカにはたくさんのペット・ロス相談窓口があります。相談といっても、そのほとんどは自分がいかに動物を愛していたか、大切に思い、深い絆で結ばれていたか、どんなに素晴らしい思い出がたくさんあったか、どれほど素晴らしい動物だったか、ということを30分から1時間、泣きながら話すという人がほとんどです。話し終わると気分が落ち着き、何度も繰り返し相談に来る人はあまりいません。ボランティアの相談員は、相手が自殺する危険があったり、精神科やカウンセラーの専門的治療が必要と思われない限り、静かに「そうですね。素晴らしい存在だったのでしょうね」と話を聞くのです。

人が亡くなると、お通夜やお葬式の合間に故人を惜しんで思い出話をします。「こんなことがあった」「あんな時に故人はこんなだった」「素晴らしい人がいなくなって本当に残念だ」誰もがその話を静かに聞いてくれますし、そうだ、そうだ、と同意をして一緒に故人を惜しんでくれます。動物の死の場合は、その相手がなかなか見つけられないのです。

ですから、もしあなたの周りに、ペットが死んでしまって落ち込んでいる人がいたら、励ましてあげるのではなく、ただ、静かに話を聞いてあげてほしいと思います（「また違う子を飼えば？」などの言葉はこのような時には禁句です）。

この悲しみは多くの場合約1カ月、遅くても1年ほどすると、少しずつうすらいでいきます。アメリカの精神科医であるアーロン・キャッチャーによると、ペットとの死別経験者がこの悲しみの過程を完了する平均的期間は、約10カ月だそうです。日本では、こんなことを相談してもとりあってもらえないだろう、異常だと思われるのではないかと、獣医師やカウンセラーに相談に行く人も少ないと思いますが、アメリカでは多くの人が2〜3週間たっても泣き止むことができない、仕事が手につかない、と獣医師やカウンセラーのところに相談に訪れます。このような飼い主に必要なのは、悲しくて仕事も手につかないのは、異常なことではないということ、悲しみのために、心や体にどのような変化が現れる可能性があるかということ、そして必ず回復する日が来ることを、わかりやすく理解させることなのです。

日本ではペットとの死別に関する論文や本も少なく、アメリカでの研究や対応とは大きな差があります。近年のペット・ブームのためでしょうか、マスコミでペット・ロスという言葉が独り歩きを始め、ペット・ロス症候群などという、日本にしかない言葉まで生まれてしまいました。「○○症候群」「予防するためには……」これではまるで「病気」「異常」扱いです。欧米ではGrief(悲嘆)、Loss(喪失体験)、Bereavement(死別の悲しみ)に対しては、その対象が人間であれ動物であれ、何らかのサポートが必要だという認識が強く、精神医学者や心理学者の論文や書物も少なくありません。その中にはペットが死んだときに悲しむこと、落ち込むことが「異常」で「落ち込まないためには……」などという記載は一切ありません。もちろん、欧米でも10年前には今の日本のように「たかがペットが死んだくらいで……」と、その悲しみを異常扱いする人が多くいたようです。しかし、動物が我々人間にとっていかに大切な存在か、人間と動物がどれほど深い絆を結ぶことができるのかが研究され、理解され始めてからは、その対象が何であれ、喪失した時のGrief(悲嘆)、Loss（喪失体験)、Bereavement（死別の悲しみ）の苦しみは同じで、立ち直りにはサポートが必要であることが改めて認識され始めたのです。

■悲しみによる体の変化■

次に悲しみの最中にしばしば起こる体の変化についてふれたいと思います。

人間は感情やストレスによって様々な体の変化を起こします。

落ち込んでいるとき、悲しいとき、つらいときには、次に挙げるような様々な症状が見られることがあります。時には本人は、自分がそれほど深いショックを受けていることに気づいていないのに、症状が出るということもあります。

○睡眠障害――不眠、1日中眠い
○すぐに涙が出る
○消化器症状――下痢、便秘、吐き気、腹痛
○食欲異常――食欲不振、過食
○頭痛、頭重感

○肩こり、しびれ
○めまい、難聴
○腰痛
○全身倦怠感、やる気がない
○全身のかゆみ、蕁麻疹《じんましん》

このような症状が、精神的ショックと同じ時期に起こり始めたら、ストレスによる可能性が考えられます。しかし、消化器症状や頭痛、しびれ、腰痛、蕁麻疹などは、本当の病気が原因になっていると大変ですから、症状がずっと続いたり、ひどい場合には、ためらわずに受診しましょう。しびれやめまい、難聴は、診察や短い検査で神経に異常がないかどうかがわかりますので、病院を受診して下さい。

また、精神的にいつもとは違ってしまうこともあります。

落ち着かない、集中できない、すぐ戸惑う、悲観的、不安、すぐパニックに陥る、孤独感が強い、自分はダメな人間だと思い込む、罪悪感が強い、死んだはずの動物の姿が見えることがある、などがその例です。これらの症状も時間がたつにつれ、次第に軽くなっていくはずですが、もしも軽くなる傾向がない場合は、迷わずカウンセラーや精神科の先生に相談しましょう。

■「異常」だから精神科に行く？■

前に書いたような症状があって、いろいろと検査をしても異常がなく、器質的（体の臓器のどこかに病変がある）な病気が原因ではないときに、私も患者さんを精神科に紹介することがあります。「精神科に紹介しましょう」と言うと怒り出す患者さんも少なくありませんが、日本人は特に、精神科にかかる人を「精神病」であると偏見を持っているためだろうと思います。

私は患者さんを精神科に紹介するとき、次のように言うようにしています。「いろいろと検査をしましたが、異常は見つかりませんでした。でもAさんの症状がよくなったわけではありませんよね。体と心はつながっていて、時にAさんも気がついていない心の問題が原因で今のような症状が起きることがあります。心の調節がうまくいかないと体の方が悲鳴をあげるからです。心のケアをうまくアドバイスしてくれるのが精神科の先生方の専門の仕事でもあるので、一度心の問題かどうか診てもらいませんか？」それで怒ってしまった患者さんはありませんでした。もちろん、原因がわからなかった患者さん全員を紹介しているわけではありませんし、精神科の先生ともきちんと連絡を取り合わなければなりません。もしも、あなたが動物の死後、いつまでも体の疲れがとれずに会社でも上の空なのに、内科的には異常がない、と言われたら、カウンセラーや精神科医に話を聞いてもらうことも考えてみて下さい。

ただ、残念ながらカウンセラーや精神科医の中にも「動物が死んで……」と話を始めると、

「何？　たかが動物が死んだくらいでなぜ相談が必要なのですか」などと、悲しみにとどめをさしてしまう医師もいるようです。ですから、よく話を聞いてくれる理解のある専門家を選ぶ必要があります。日本には前に紹介したような、ペットとの死別を支える専門家はあまり多くありませんが、まともな専門家であれば、先ほど書いたような、ひどいことを言う先生の方が少ないと思います。一部には理解のない人もいることを頭に入れて、懲りずに別のよい先生を探してほしいと思います。

ただし、あなたが本当に精神科的に治療の必要がある、と判断された場合以外、何も医学的な治療をしなくても、悲しみはうすらいできますし、必ず悲しみからは立ち直れるはずです。安心して悲しむことも大切だと思います。

■解　決■

悲しみの最後のステップが「解決」、すなわち立ち直りです。悲しみがうすらいでいくことは、その動物のことを忘れ去るということとは違います。時に「こんなに早く普通の生活に戻っている私は、なんて冷たい飼い主なんだろう」などと自分を責める人がいますが、それは違うと思います。人間の感情は必ずうすらいでいくものです。健康に生きていくためにそのようにできているのです。ですから、悲しみを忘れることに罪悪感を持つ必要は全くありません。

受容した悲しみから解決にいたる過程も期間も人によって違います。時間がたって、普通の生活に戻れること、泣きじゃくることなく、むせぶことなく、笑って「たくさんよい思い出ができた。ありがとう」と言えること、「できればまた別の子と暮らしたいな」と自然に思えること。それが「解決」のステップです。私は個人的にはこの解決のゴールを、普通の生活に戻るだけでなく、「あんなに楽しかった動物との暮らしをもう一度実現してみたい」と思えるところにしたいと思っています。なぜなら、動物は私たちの暮らしに、素晴らしいものをたくさん与えてくれる存在であり、1人でも多くの人に、動物との幸せな暮らしを続けてほしいと思っているからです。

しかし、残念なことに「動物は死ぬから嫌だ。死ぬのがかわいそうだから、もう二度と飼いたくない」と言う方が大勢います。「○○ちゃんに失礼だから二度と飼わない」という飼い主も多くいます。

私は幼少時から犬や鶏や小鳥、ウサギや鯉、金魚、といつも動物と共に暮らしてきました。犬は十数年で死んでしまいますし、小鳥や金魚などは数年で死んでしまいます。そのたびに大泣きをして悲しむのですが、やはり一緒に暮らせてよかった、と感謝しています。私たちがペットと呼ぶ動物はどれも皆、私たちよりも寿命が短い動物です。私たちが彼らの命を看取らなければならないのは、共に暮らし始めた時点ですでにわかっていることです。死を受け入れることができない飼い主の中に、この寿命を最初から否定しながら暮らし続けている人が多く見受けられます。人間のように長生きしろ、と言われても動物には迷惑な話です。一生懸命生きて、死んでいく動物の死を、最後は安らかに受けとめてあげてほしいと思います。

「解決」が訪れるのは、飼い主が最終的にペットをどうしたいか、どうしてあげれば自分が納得がいくのかがわかり、思い出を残しておくいちばん良い方法を見つけたときだ、とアメリカのペット墓地協会の会長が言っています。

ペットを亡くしたときに何ができるか

では、ペットの死を経験したときに、その対処方法として、具体的にどのようなことをしたらよいか、いくつか提案をしてみたいと思います。悲しくて何も考えられないときには、とにかくここに書いてあることを1つずつ試してみて下さい。これらのことは、欧米で出版されている多くの書物などに挙げられている、ペット・ロスに対する対処方法（Coping Strategy）

として取り上げられているものです。

まず、日常生活に関して、

○毎日1つずつ何か好きなことをする計画を立てる
○定期的に軽い運動をする
○自然、人、音楽、子供などと過ごす時間をもうける
○感情を素直に表現する（何度も書いていますが、泣くことは決して恥ずかしいことではありません）

悲しいと何もする気が起こらないばかりか、眠れなかったり食べることさえ面倒くさくなったりします。でも、体を大切にする努力は続けなければいけません。

○毎日の食事をきちんととる
○飲酒はほどほどにする
○薬に頼らない（医師の処方またはごく短期間なら必要な場合もあります）
○眠れなくても時間を決めて横になる

勇気はいりますが、失った動物を思い出させるような、日常生活の各部分を変えてみることも、時には大切です。

○家の模様替えをする
○買い物をする店を変える
○動物とよく一緒に歩いた道を通らない
○家の中に飾ってある写真をしまってしまう

そして、重要なのは、こうしたことで、動物を忘れ去ってしまうという罪悪感を感じる必要はないことを理解することです。時間がたてば必ず、落ち着いて動物と共に過ごした時間や空間を見つめることができる日が訪れるはずです。

ペットの死を人の死と全く同じように弔って、心に整理をつけられることもあるでしょう。

○お葬式をする
○家の中に仏壇を作ってお線香をあげる
○お墓にお骨を納めてお参りに行く
○庭に爪や毛を埋めてお墓を作る
○骨壺を持っていつもの散歩コースだったところを歩く

1984.2.20 - 1997.5.9

1984年4月23日　友納家の長男となる。

生前は睦樹、由美、妹ﾊﾟﾒﾗ、ﾊﾟﾙと共に暮らし、たくさんのところに旅行した。

中でも、蓼科の山荘が最もお気に入りだった。

これまで大きな病気も怪我もなく過ごしてきたが、今年の4月21日より、度々高熱が出て、5月8日に穿孔性腹膜炎という病名で手術を受けた。

5月9日明け方、先生方を始め、みんな一所懸命に僕を助けようとしてくれたが････僕は最愛のママとパパに見守られて、お別れをした。

これは僕の想い出のアルバムのほんの一部だけど、見てもらえたらすごくうれしい。

MINTON

▲友納睦樹・由美夫妻が作った
ミントンの想い出のアルバム

悲しみを思い出に……

愛したペットの思い出を
文に綴ったり作品にしたり

—天使の十年間—
トムの思い出
村上昭吾
見える、聞こえる、同じな心
明るく、面白く、切ない！感動の愛犬物語、
輝いた命と共に分けあった、喜びの日々の誌。
近代文藝社

泣かないで…
—心の扉をあけるとき—
作・藤枝牧子　絵・斉藤茂代

いちばんよい思い出を作る方法を決めて、形にしておく方法もいろいろあります。

○灰や爪、毛などをアクセサリーにして身につける
○首輪や服などを持って歩く
○ロケットに写真を入れて持ち歩く
○車の中や机に写真を飾る
○アルバムや俳句集、本をつづる
○記念碑を作る

そのほかに、ペットの名前にちなんだ基金を作って動物福祉に役立てたり、本や写真集を自費出版する人もいます。なかには、いつも灰や骨壺を持って歩いて自分は異常なのではないか、と悩んでいる人もあるようですが、それで別れに対する心の整理がつき、落ち着いてそのペットに感謝することができるならば、何も異常と思う必要はないと思います。ペットと共に暮らしたことのない人、ペットを家族として大切に思ったことのない人、その死を経験したことのない人には、わかってもらえなくても、同じ経験をしたことがある人ならば、必ず理解してくれるはずです。

ペットの死で苦しんでいる人に対して周囲の人がしてあげられること、そして、獣医師ほかペット・ロスに対応しなければならない立場に置かれた人々がすべきことは、解決策を与える

ことでもなく、励ますことでもありません。ただ、相手の話を黙って聞くこと、そして、日常生活の中で誰にでもできる対処方法を提案してあげることなのです。

―死の準備教育〈死は敗北か?〉

私は内科の医師ですが、研修医だったとき癌の末期や重症の死に逝く患者さんを受け持つことがとても苦痛でした。それは治らないから面白くないとか、勉強にならないということではなく、医師として何もできない自分が悔しく、情けなくて、許せなかったからなのだと思います。一縷の望みをかけた治療を行ってみたり、処置や検査で痛い思いをする患者さんを見ていると、「結局苦しめているだけじゃないか!」という憤りに苦しみ、どうしたらよいのか、どうしたら医師として納得がいくかがわからず、このような患者さんを受け持つたびに、もう医者なんかやめよう、と思い続けるばかりでした。

その苦しみから私を救ってくれたのは、アメリカから研修医の教育のために来日していた内科の先生でした。私が末期癌の患者さんの治療方針について悩んでいることを話すと、その先生は「どうしてそんなに悩むのですか？　この患者さんにとって今いちばん大切なことは、苦しまず、よい死を迎えることではありませんか？」と言ったのです。そして、「死に逝くときというのは、人生の中で最も素晴らしい瞬間です。愛する家族や友人に見守られて生きていたことや、家族たちへの感謝を感じながら、大好きな人の手を握ってありがとうと言える、そんな死を迎えさせてあげるのも、私たち医師の仕事なのですよ」と言ったのです。私は頭をがんと殴られたような、目の前がぱっと明るくなるような気がして、肩の荷がすーっとおりていくのがわかりました。そして、私がそれまで苦しんできたのは、死が敗北で、私たち医師は生を追求する責任がある、と思いこんでいたからなのだということに気づいたのです。今の医学教育は変わってきたのかもしれませんが、私が受けた医学教育では死は敗北、と教わってきたと思いますし、よい死を迎えさせることが医師の責任だ、などとは考えられていなかったと思います。そう思いたかったのに、誰もそう教えてくれず、苦しかったのだということに、この時ようやく気づかされました。

よい死を迎えることは容易ではありません。正確な診断と適切な治療、正確な予後の予測と、十分な患者さんと家族の両方への説明、痛みや苦しみが最小限になるように適切な投薬をし、死の到来を正確に予測する。それがすべてできなければ、その先生が言うような、人生の中でいちばん素晴らしい瞬間など実現できません。

主治医と患者さんの関係は、飼い主と動物の関係と似たところがあるように思います。主治医は責任を持って、患者さんにとって最良であると思われることをします。その結果が出ると、これでよかった、悪かった、と一喜一憂します。診断にも迷いはなく、治療も最善を尽くし、患者さん自身にも、病気のことを納得してもらった上で、主治医としての信頼を得ることができ、死の瞬間に、患者さん自身が死を自覚してか安らかな顔で死んでいったとき、悲しいながらも主治医には、充実感のようなものが感じられます。そんな時には、ご家族の方も後から挨拶にいらしてくれますし、その後も何かと親しくすることができるのです。

ところが、逆に予想よりも早く亡くなってしまったり、本人に話していなくて、本人はなぜ悪くなっていくのか納得がいかなかったり、苦しみながら最期の瞬間を迎える、などという場合は本当に後味の悪いもので、主治医としての自分にも納得がいかず、当然ながらご家族にも十分納得していただけないことになります。

納得のいく死を迎えてもらうためには準備が必要です。死は敗北ではありません。まずいちばん大切なのはそのことを理解することだと思います。1分1秒でも長く生きてほしい、そのためには苦しくても何でも我慢してほしい、周りがそう考えていると安らかに死なせてあげられないような気がします。死は敗北、と決めつけるのではなく、最大限努力した結果、自然に迎えることになった死の瞬間を、安らかで幸せな瞬間にする、それが責任者である自分を納得させられる唯一の方法だと思います。事故などの突然襲ってくる死に関しては、また別だと思いますが、病気で死ぬ場合には、どのような死の瞬間を迎えさせてあげられたかは飼い主にとって大きな問題です。最善を尽くした上で、安らかな良い死を迎えさせてあげることは、死について前もって考えておかなければできないことです。そして、それこそが、飼い主にしかできないことなのです。

――子供にとってのペット・ロス　その体験の大きさ

子供にとって身近な動物の死を経験することは、「死」を学ぶための大切な経験ということができると思います。かぶと虫や金魚に始まって、ハムスター、カメ、そして、犬、猫など、私たちが子供の頃は、幼いうちから様々な死を体験してきました。ところが、最近は幼い頃から小動物を飼わせてもらえる家庭が、だんだんと少なくなってきたように思われます。集合住宅での生活、偏差値教育、受験制度などに追われて時間的余裕を失い、自らが動物と接した経験を持たない親に育てられるなど、その理由は多々あるのでしょう。いずれにしても、心がまだ「ゴムまり」のように弾力性に富み、押しつぶされてもすぐに元に戻ることができるような幼い時期に、生き物との暮らし、そして別れを経験させてもらえない子供が増えています。だからこそ、ようやく飼ってもらえた犬や猫、うさぎなどを失ったときに受ける衝撃も、尋常なものではなくなってしまうのではないでしょうか。

ただし、この問題は子供に限ったことではありません。つまり、生活上の諸事情により動物を飼った経験のない人々が成人してから、「長年の夢」であった犬や猫を飼い始めることが、最近ではしばしばあるように思えます。ここでいう成人とは、決して完全な大人という意味ではありません。場合によっては、中高生もその範囲に入るのかもしれません。初めて動物を飼い、初めてほかの生命と時間も空間も共有する、という体験は遅ければ遅いほど、別れによって受ける衝撃は大きいようです。これは決して、死別の悲しみが回を重ねるごとに軽減されていく、と言っているわけではありません。長年の友に別れを告げなければならないのは、そのたびにたいへん苦しいことなのです。しかし、その苦しみを経験したことがある人は、それが決して異常なことではなく、素直に表現してもよいものであることを、潜在的に理解しているように思えます。そして、心が「ゴムまり」のようである時期からそれを体験している人の方が、その潜在的能力がより強いようなのです。

これは、実は子供のペット・ロス体験に非常に大きな影響を与える要素なのです。前述したように、本当に幼い頃から、小さな動物の死に遭遇したことのない子供の方が、要注意なのですが、飼育態度に始まり、子供はその動物との関わり方をすべて、両親をはじめとする周囲の大人たちの対応の影響下で確立していきます。ですから、ペット・ロスに関してもやはり大人、特に親の対応が、子供の反応に大きな影響を与えます。つまり、最近増えてきた、自らが初めて動物との暮らしを体験している親が、ペットの死に対して恐ろしいほどうろたえてしまったり、逆に素直な感情表現ができなかったりした場合は、その子供もまた、それにうまく対応することができなくなってしまうのです。これはとても常識的なことなのですが、ともすれば見落とされてしまう点だと思います。子供に対するペットの死の影響を重く見て、心配しすぎるあまり、自分たち大人の反応の重要性を忘れてしまう人もあるのです。

また、自らが子供時代にペット・ロスを経験していない人の場合、子供の立ち直りの早さを受け入れることができないことがあります。「皆○○ちゃんのことを忘れてしまいそう……。お母さんだけはいつまでもあなたのことを忘れない」などと言っている親に最近しばしば遭遇しますが、これは子供にとっても、親自身にとっても、あまり健全な状態とは言えないかもしれません。もちろん子供に動物の死を受け入れてもらうための配慮は必要でしょうが、その前にまず、親をはじめとする周囲の大人たちが、このような点を認識しなければなりません。

さて、肝心な子供自身に対する配慮は、といえば、多くの場合、子供はごく自然に自分で悲しみを解消する手段を見つけているようです。手紙を書いたり、絵を描いたり、自室に小さな祭壇を作り、写真や花、ペットの好物などを置いたり、と大人とあまり変わらない方法を子供なりに黙々と実行するのです。具体的な方法としては「天使になった○○ちゃん」の絵を描くことや、「天国の○○ちゃんへ」と手紙を書くことが多いようです。ただし、なかにはこのようなことが自然にできない子供もいるでしょう。そのような場合、親が何らかのきっかけを与えてやらなければなりません。第1章で紹介しているイギリスのSCASから出版されている「バイバイ、ベル」は子供が愛猫の死に遭遇するお話ですが、本の最後に余白があり、それを読んだ子供が自らの体験や気持ちを、そこにつづることができるようになっています。しかし、このような子供に悲しみを表現させるための「既存の」よい方法がなくても、いくらでも工夫はできます。前述のような手紙や絵を親が共に作成するのもよいでしょう。写真に文章を添えながらスクラップ・ブックを作るのもよいかもしれません。子供とペットの絆が強ければ強いほど、お墓参りをする、お線香をあげる、教会で祈るなどなど、子供が「ペットが無事に天国に行くことができる」と確信できる何かをさせてあげる必要があると思います。

悲しむといけないから、とペットの死を親が子供に隠すことは、子供にとって十分に別れをすることができなかった、という悲しい後悔となっていつまでも心の傷になることがあります。事実がわかったとき、親に対して「なぜ隠した」、という怒りとなって残る場合も少なくありません。ペットの死を悼むことは、子供にとって決して悪い経験ではありません。たとえ、悲しみに暮れる子供の姿を見ることがどれほど親にとってつらいことであっても、それは心の成長にとっては素晴らしい経験となります。わが子に感性、慈しみの心、そして豊かな感情表現を与えてくれたペットに心から感謝の意を表すことはまた、親にとっては、自らの悲しみを解消する最良の手段なのではないでしょうか。

―仲間の死――一緒に飼われていた動物たちの悲しみ

さて飼い主の家庭において、ペット・ロス問題の中で見逃されがちな点が1つあります。それは、実はこの本の主題からはややはずれることなので、あまりこの場で詳しく取り上げるつもりはありませんが、簡単に触れておきたいと思います。それは一緒に飼われていた友、伴侶を失ったほかのペットたち、つまり多頭飼育の中で残された動物たちの心の問題です。これは実は、飼い主自身の精神状態にも非常に大きな影響を与え得る問題なのです。たしかに多頭飼育の場合は、死んだペットのほかに、まだ飼い主の気を紛らわせてくれる動物がいるために、1頭飼いよりも深刻なペット・ロス問題を抱え込んでしまう可能性は低いかもしれません。しかし、特に病気や事故などで1頭を失った飼い主が、ほかの動物たちの健康状態や安全に、必要以上に敏感になってしまうこともあるのです。さらに、友を失ったショックから同居していた動物の落ち着きがなくなったり、食欲が減退したり、活動性が低下したり、という状況が出現したら……飼い主はもう1頭をも失ったらどうしよう、とパニック状態に陥ってしまうことも十分に考えられます。

その時に必要なのは、おそらく獣医師による適切な助言でしょう。アメリカにおいてペットが感じるペット・ロスを検討した獣医師たちは、犬や猫の場合、平均で約3カ月程度、友の死の影響を受け続けると語っています。つまり、しばらくの間、残されたペットの食が細くなったり、あまり飼い主と遊びたがらなかったり、という状態が続くことは、これまた自然な反応であり、時がたつにつれて改善されていくものであることを、飼い主に理解してもらう必要があるということなのでしょう。むろん、その間、健康が著しく害されるような状況が生じていないかどうかは、獣医師によってチェックされるべきでしょう。また残されたペットに対する飼い主の心配を周囲は上手に解消してやらなければなりません。

―後悔のある死、ない死

私が経験したペットの死の中で、今でも後悔ばかりが大きくて思い出すたびに悲しくなる死と、後悔はなくよい思い出になっている死があります。今となっては後悔のある死を後悔のない思い出に変えることはできません。

ちびは私が医大生のとき、大学の庭に捨てられていた子犬でした。子犬のくせに元気がなく、足には皮膚病のために毛が生えていませんでした。「また、拾ってきた‼」親に呆れられながらも、元気のないちびを元気にしてあげよう、と一生懸命世話をする毎日が始まりました。ちびは元気に大きくなってはいったものの、体が大きくなるにつれ、足のふらつきが始まり、徐々に走れなくなり、歩けなくなり、やがて立てなくなって寝たきりになってしまったのです。

獣医師にも診てもらいましたが、原因がわからないので治療ができない、ということでした。神経内科医である父に、「神経の病気に違いないから治して！」と無理なお願いをして、人に使う高い薬をあれこれと試したりもしてみました。おしっこもうんちも垂れ流しなので、しょっちゅう家に帰ってはお尻を洗い、天気が良い日は外に横たわらせて、雨が降ってくると講義もそっちのけで家に飛んで帰るという日々が続きました。ちびは動けないながらも私たち家族が大好きで、家に帰ると動かない体を思いきり動かして、全身で喜びを表現してくれました。

1年のうちでも、ちびの状態には波がありました。全く動けなかったちびが首をあげ、体を起こし、ついには立ち上がって、たどたどしいながらも走り回るようなときもありました。私たちは父の持ってきてくれた高い注射が効いたのかと、「さすが、名医！」などと、そのたびにはしゃぎまわりました。寒くなるとまた徐々に歩行障害はひどくなり再び寝たきりになる、という状態が2年近く続き、私は医学部の卒業を迎えました。そして、研修医として家を離れなければならなくなったのです。

卒業前から、どこの病院に研修に行こうかととても迷いました。迷った原因は、もちろんたくさんありましたが、その1つにちびの世話のことがありました。家族はそんな私の気持ちをよく理解してくれていましたから、「ちびの世話はちゃんとするから、安心して勉強しておいで」と送り出してくれたのです。後ろ髪を引かれる思いでしたが、卒業後の大切な研修期間を自分が納得いく場所で過ごしたい、という思いを捨てきれず、私は沖縄の研修病院に行きました。

沖縄での研修医生活はすさまじい忙しさで、家に電話をすることもままならない日が続きました。新しく覚える仕事と新しい環境に慣れること、食べることと寝る時間を確保することで精いっぱいの日々が、あっという間に過ぎていきました。そして、沖縄で初めての冬を迎えようという頃、ちびの容態が悪化したのです。電話でちびの調子が悪いことを聞いた私は、帰りたい気持ちでいっぱいでした。でも、週末もない研修医1年生が遠く離れた沖縄から「犬の調子が悪いから」と帰るわけには、どうしてもいかなかったのです。心配はしながらも忙しさでいつもちびのことを考えていることもできず、何日かが過ぎ、その年の暮れを迎えたある日、ちびが死んだことを電話で家族から聞かされました。寒さから肺炎か何かを起こしたのかもしれません。原因ははっきりわかりませんでした。

あれから5年以上もたった今でも、ちびの死を思うと涙が止まりません。あれほど私のことを慕って、あれほど私に会うと体中で喜びを表現してくれたちびが、最後のいちばんつらかったときに、私は一緒にいてあげられなかった。その申し訳ない思いが、私の心の中で大きな大きな後悔になって残っているのです。遠く離れた地でどうしようもなかった、とは思えませんでした。ただ、ただ、一緒にいてあげたかった。「頑張ったね。今までありがとう。おまえのこと愛してるよ。ついててあげるから安心して逝っていいよ」という言葉を聞きながら逝ってほしかった。その思いだけがいつまでも心に残っているのです。

ちびの死とは対照的に、よい思い出となって笑いながらお話しできる死もあります。

私がちびを拾ってきたとき、家にはちびよりも先にポチがいました。ポチは雑種のオス犬で、やんちゃそうなかわいい顔をした犬でした。私が大学を卒業して家を離れる数カ月前のある日、ポチを撫でていて首に腫瘤が触れるのに気がつきました。嫌な予感が頭をよぎり、すぐに獣医師に診てもらいました。診断はリンパ腫でした。ただ、ポチのリンパ腫は化学療法にもよく反応するタイプのもので、それからしばらく、ポチは元気もよく、化学療法のために入院しては元気に帰ってくる日々が続きました。経過も順調だったので、私はポチに「頑張って治しなよ」と言って家を離れました。

その後もしばらくポチの経過は順調でした。ときどき暇を見つけては獣医師の病院に電話をして、ポチの病状を尋ねては安心する、という毎日が過ぎ、悲しいちびの死を迎えてからもポチの病状は安定していました。

沖縄に来て2年の研修生活も終わりに近づいてきた頃、ポチの容態が変わったのです。「化学療法が効かなくなってきている」電話で獣医師の先生に言われました。私はいてもたってもいられなくなり、血液科の先生にほかにどんな薬を使ったらよいか、相談に行きました。とっさに相談に行ったので、I先生に「どの患者さんのこと？」と聞かれて、つい、「あ、いえ、私の実家の犬が入院していまして……」と答えてしまい、笑われて憤慨した私は、二度とほかの先生にポチのこととは言うまい、と堅く心に決めました。

ポチの食欲がなくなり、入院してからは必ず1週間に1回は電話をして病状を聞きました。そして、ポチの死が近いことを悟りました。獣医師の先生も私が忙しいことは知っていたので、帰ってくることは無理だろう、と心配してくれていたのですが、私はちびの死のような後悔を繰り返したくないと思い、ポチに会いに行くことを決心しました。幸い受け持ちの患者さんは皆、落ちついていましたし、一緒に仕事をしていた研修医とも親しかったので、当直が入っていない週末を選んで帰ることにしました。

とはいっても、犬のリンパ腫、と言っただけで笑われるような環境です。上司の先生に何と言って帰るか、大いに迷いました。「でも、どうしても後悔したくない。今帰らなければもうポチに会えないかもしれない」私は、その当時直接の上司でもあったK先生に思い切ってお願いに行きました。「この週末、実家に帰りたいのですが」「何かあったのか？」K先生に聞かれて、迷ったあげく、「はい、実は私の大切な存在が危篤でして……」K先生は一瞬「？」という顔はしたものの、「お、そうか、まあ病棟は落ち着いているし、気をつけて帰ってきなさい」

と温かく見送って下さったのです。

何となくうしろめたさはありましたが、私は無事家に帰ることができました。入院中のポチに会いに行くと、ポチはもう腹水がたまって起きあがれず、横たわったまま、寝たり起きたりを繰り返していました。私の姿を見て、力がなくなった尻尾をぱたん、ぱたん、と振って挨拶をしてくれました。「ポチ、頑張ったね。待っていてくれてありがとう」短い時間でしたが、私は一生懸命笑顔でポチの頭やお腹を撫でながら、心の中でポチにお別れを言いました。ずっとポチについていたかったのですが、そういうわけにもいかず、獣医師の先生に「ポチが苦しまないように、それだけをよろしくお願いします。今まで本当にありがとうございました」とお礼を言って沖縄に帰ってきたのです。

病院に帰ると早速K先生から「大丈夫だったか？」と聞かれました。私は何と答えてよいものか、と、「はあ、ええ、大丈夫ではありませんでしたが、会うことはできました」と言うのが精いっぱいでした。K先生も気を使ってか、それ以上は尋ねようとしませんでした。

それから3日後、ポチは死にました。私に会うのを待っていてくれたかのような死でした。ポチにありがとう、と言いたい気持ちでいっぱいでした。私の心の中に後悔はありませんでした。最後にお別れを言えた、会うことができた、それが心の中に整理をつけさせてくれたのだと思います。今でも、ポチのことを思うとき、ちびの死のような苦い思いはありません。感謝の気持ちだけが、温かい思いとなって蘇ってきます。

実はK先生は、この時からずっと私の言っていた「危篤の大切な存在」のことが気になっていたらしく、私が沖縄を離れて1年以上たってから、血液科のI先生と話しているときに、「あ、犬のことか！」とぴんときたという話をしてくれました。「いや、あの時は高柳先生が深刻に大切な存在、なんていうものだから婚約者か何かかと思って、えらく心配したんですよ。でもそういうことなら、深く聞いてもいかんか、と思って……。犬だったとは……」と、ほかの先生方と大笑いをしたのだそうです。ポチの死が後悔の残る死だったら、私もその話を聞いたとき、一緒に大笑いすることはできなかったでしょう。が、信頼する獣医師に十分治療をしてもらった、そしてとにかくポチに会いたい一心で、嘘はつかないまでも上司の先生に頼み込んででも最期に会ってお別れができた、そのことで、笑って話せる、よい思い出になった死を経験することができたのだと思います。

後悔しないように思いきり努力する、努力した自分に納得がいく、それが死という別れを受け入れるときに、とても大切なことなのだと思います。

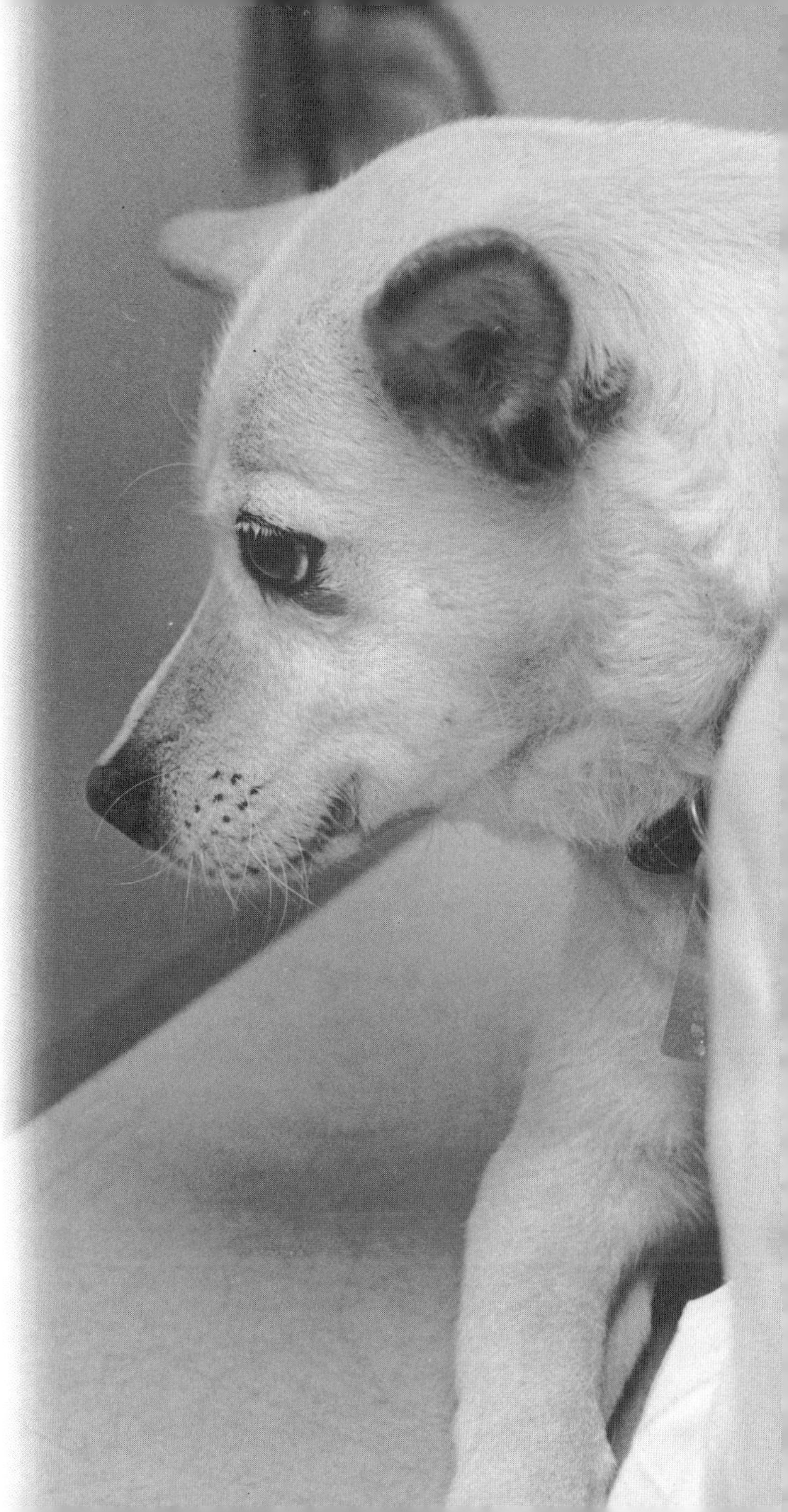

第5章 体験談——最愛の友を失って

コロポが教えてくれたこと

生方恵一

「たかが飼い犬1匹が死んだだけで、そんなに落ち込むことはない」ペットに無関心な人はこう言う。それもそうだとも思うのだが、自分にしてみれば犬が死んだというよりも、家族の、それも我が子を幼くして亡くしたという感覚なのだから、やはりペット・ロスのショックは大きかったと言わざるを得ない。

我が家の愛犬が11歳の生涯を閉じたのは平成9年3月28日。北海道犬の牝で名前は「コロポ」と付けたが、通称は「コロ」。昭和61年2月18日生まれで、我が家に来たのは生後2カ月の4月8日のことだった。どちらかというと病気がちの犬だったが、それでも元気に過ごしていたので、まさかこんなに早く逝くとは考えてもみなかった。

しかし、平成8年の夏頃から体調が悪くなり、癌の一種である悪性組織球症のため、心臓の周りに藻のようなものができて心嚢に血が溜まり、体のあちこちに腫瘍ができるようになった。11月に一時的に楽になるようにと、心臓の手術をして一見元気を取り戻して正月を迎えたのに、2月に入って体中に腫瘍が広がり、亡くなる3日前あたりからはほとんど動けなくなって、結局、3月28日午後6時30分、心不全のため妻の腕の中で息を引き取った。

今、コロポは庭の花壇の片隅に眠っているが、その上には『眠れ良い子よ』と彫った小さな自然石が置かれている。その墓前に行くまでもなく、何を見ても元気だった頃の思い出に繋がってしまって、改めて可愛い犬だった、賢い犬だった、素直な犬だったと総てが良いことばかりに集約されてしまう。

人間それぞれに個性があるように、犬にも当然個性がある。その個性が飼い主にとってはたまらなく可愛いものに感じられるのは、家族の一員としての生活の継続と、相手が動物だからこその、独特のコミュニケーションが生まれてしまうからだろうと思う。

犬は人間にとって最も古いパートナーだと言われるが、物言わぬ犬だからこそ、人は犬に語りかけ、話を聞いてくれる存在に安心感を得るのだと思う。そして、何よりも温もりのある命と一緒に、生きる喜びを感じながら暮らすところがペットを飼う楽しみになるのだと思う。

我が家では娘が嫁ぎ、息子も独立して、普段は妻と2人だけの生活だが、犬が1匹いるだけで夫婦の間に自然な会話が生まれ、笑いの種が見つかり、その上、命を育て見守るという夫婦共通の関心事ができたことが、いちばん大きな収穫であった。もともとは、乳癌の手術後の妻のリハビリにもなるかと思って、飼い始めたのだが、散歩は私自身の健康管理にも役立ったようだ。しかし、最初から最後まで犬の面倒を見たのは妻だった。それだけにコロポの死にいちばん落ち込んだのは彼女だったし、今も何かにつけて思い出してばかりいるようだ。だから今でも犬の思い出は、夫婦にとって共通の大事な話題なのである。還暦を過ぎた夫婦にとって、1匹の犬がたくさんの贈り物を残していったように思えてならない。

贈り物といえば、犬のお陰で、ご近所の犬を飼う人たちと新しいお付き合いが生まれたり、飼い主の知らぬ間に犬の方がそれなりのファンを作っていたりで、いい意味での世間との繋がりができたことも有り難いことだった。コロポの通夜の晩に、花を持って悔やみに来てくれた人も多かった。

そうした人たちの中には、「あれだけ可愛がって大事に育てたのだから、コロポちゃんも幸せだったはずだ」と言ってくれる人や、「2匹目の犬を飼うのが死んだ犬への供養になる」と教えてくれる人もあるのだが、なかなかその気にもなれないでいる。今のところは毎日妻と2人で犬と歩いた散歩コースを歩き、その道すがらコロポが生前仲良くしていた犬たちの顔を見て、コロポの霊前に供えたジャーキーを与えたりするのが日課になった。

コロポはわずか11年の短い生涯だったが、人間が心優しくなることと、生きとし生けるものの命の尊さを教えてくれたのだと思う。

ただそこに　犬一匹と人ふたり
愛しき日々よ　家族なりせば

犬と暮らしたことがありますか？

内藤久義

犬と暮らしたことがありますか？

僕はあります。一緒に暮らした犬は、ライナー・チムニクの絵本『セーヌの釣り人ヨナス』から名前をとって、ヨナスと名付けました。いろいろ名前を考えて犬に呼びかけたのですが、「ヨナス」と呼んだとき、細くて長い尻尾をパタリとめんどくさそうに振ったので、それに決めたのです。かわいい子犬ではありません。体重が30キロもある白いポインターで、年齢不詳の老けた顔だちをしていました。ひょんなことから拾ってしまい、僕の4畳半のアパートで一緒に暮らすことになったのです。まさか、それから8年間も生活を共にするとは思ってもいませんでした。すぐにでも飼い主が現れると思っていたのです。

僕は彫刻家です。建設現場の親方や大工の棟梁や遊び仲間の子供たちを先生として、作品を作ってきました。年に1回の割合で作品を発表し、残りの時間は力仕事や子供たちと山やキャンプに行って遊んでいました。貧しいながらも、自分なりに充実した日々を送っていたのです。そんなところに突然入り込んできたのがヨナスでした。犬は4畳半のアパートの部屋で、勉強机の下を寝床として生活しました。犬の寝息を足元に感じ、朝は欠伸の声で目を覚ましました。冬は体をボールのように丸くして、股の間に鼻先を突っ込んで眠り、夏は四肢をダランと伸ばしてハアハア寝そべっていました。そんな季節を8回も繰り返したのです。ヨナスと一緒に山に行ったり、海にキャンプに行ったり、不思議な時間があっという間に流れていきました。

ヨナスが死んで、半年が経とうとしています。最後は癌が体中に転移して、大好きなご飯も食べられなくなって死んでいきました。やせ衰えたヨナスが腕の中で息を引きとるとき、僕の目を見てアリガトウと言ったような気がします。6月なのに、よく晴れた昼下がりでした。

今でも夜中、ふと目を覚ますと、足元にヨナスの寝息が聞こえないのが不思議に思われます。


8年前の秋、ヨナスは町田のデパートの前でうずくまっていました。道に迷って、とうとう動けなくなってしまった様子でした。人垣から眺めているうちに、お巡りさんが2人がかりで、どこかへ犬を運んでいってしまいました。その時、この犬と目があったような気がしたのです。家に帰っても気になって、翌朝、交番に電話すると、保健所に送られ1週間飼い主が現れないと殺処分するとの返事でした。

僕は保健所に行ってみました。正しくは動物管理センターといいます。そこはいくつもに区切られた檻の中に、何十匹という犬たちがいました。お母さん犬が、生まれたばかりの赤ちゃん犬にお乳をやっていました。ヨボヨボのおじいさん犬が、これから人生の始まる子犬が、すべての犬が殺される自分の運命を悟っていました。

檻の犬は1日ごとに移動させられます。1日ごとに処分場に近づいていくのです。皆が一斉に助けてと啼きます。目は悲しみと絶望と、もしかしたら僕が助けてくれるのではないかという一縷の望みに光っていました。その中から僕は1匹の犬、ヨナスを選び連れ帰りました。そしてその犬は8年間一緒に暮らし、死んでいきました。

僕はあの日1匹の犬を選び、ほかの犬を見捨てました。今でも秋の日、空に煙が昇るのが見えると、僕はあそこにいた犬たちの魂が天国へ昇って行くように思えます。

ヨナスもあの犬たちとともに空を駈けているのでしょうか。

あなたは犬と暮らしたことがありますか？

僕はあるのです。

1週間前から ねこちゃんが 帰ってこない

神原満季栄

「1週間前からねこちゃんが帰ってこない」

実家の母親から電話でそう告げられたときのショックは、今でも忘れられません。当時、私は故郷・広島に愛猫の〝ねこちゃん〟を残し、東京の大学に通っていました。実家に電話をするたびに、親への挨拶もそこそこに「ねこちゃんは元気？」と聞く私に、ある日、母親が言いにくそうに切り出したのです。

ねこちゃんは、私にとって初めてのペットでした。私が高校2年生の夏、台風一過のある日の夜、しわがれた声をふりしぼって我が家の庭で鳴いていました。父親がアレルギー体質のため、我が家はペット厳禁でしたが、見るとまだほんの子猫で、足取りもおぼつかない様子に、ついごはんをあげてしまいました。元気になったらすぐどこかへ行ってしまうだろうと思いつつも、心のどこかでずっといてくれたらいいなと期待していました。そんな私の思いが通じたのか、彼は次の日も、またその次の日も我が家の庭から離れようとしませんでした。彼の妙な名前の由来は、名前をつけると情がうつるからと、〝ねこちゃん〟と呼んでいるうちに返事をするようになったので、それが名前になってしまったのです。

初めての猫との生活は、毎日が新鮮な驚きの連続でした。肉球の部分がツルツルしていて人間の肌のようだったので、つい臭いをかいでみたこと。ゴロゴロと喉を鳴らす音があまりにも大きかったので、喉に何か詰まらせてしまったのではないかと本気で心配したこと。母親と喧嘩をした後で、泣きながらねこちゃんを撫でていると、スーッと気持ちが鎮まったことなど……。彼との思い出は、とうていここには書き切れません。ねこちゃんは、受験前の情緒不安定な私にとって、唯一の精神安定剤でした。

その彼が、私が上京して間もなく病気になり、あまり家にも帰らなくなってしまいました。夏休みに私が帰省していた間は帰ってきていたのですが、東京に戻るとまた足が遠のいたということです。そして、冒頭の電話。私は心配で心配で、毎日実家に「今日は帰ってきた？」と電話をかけました。東京になんて出てくるんじゃなかったと、本気で後悔しました。私がいなくなったから、ねこちゃんが病気になったんだ。私がそばにいてあげないから、家出しちゃったんだ……。私は自分を責め続けました。猫は死ぬ前に自ら姿を隠すといいますから、ひょっとしたらねこちゃんも……。そう思うと、夜も眠れませんでした。

結局、母から電話をもらったその日に、本当はねこちゃんが亡くなっていたことを知らされたのは、半年以上経ってからのことでした。ねこちゃんは、亡くなるしばらく前から、体にひどい火傷を負っていたそうです。片田舎での半ノラ生活に、いったい何が起きたのか、知る由もありません。それでなくとも病気で弱っていた彼には、火傷に耐えられる体力は残っていませんでした。ある日、庭の花壇の片隅で、冷たくなっていたそうです。ねこちゃんは、私の次になついていた祖母の手で、庭に埋葬されました。「気持ちが残るといけないから」と、祖母は墓碑をつくらなかったそうです。

ねこちゃんの死を聞かされたとき、不思議と悲しみはありませんでした。それよりも、どこか知らない場所でたったひとりで亡くなったのではなく、自分の家で最期の時を迎え、私の家族によって埋葬されたということに安堵しました。それは、半年という時間の中で、徐々に心の準備ができていたからでしょう。半年間、私に嘘をつき続けた私の家族は、さぞかしつらかったと思います。でも、もし死の直後にその事実を知らされていたら、私はどうなっていたかわかりません。私がどれほど深くねこちゃんを愛していたかを知っている家族には、そのことがよくわかっていたのでしょう。

あれからもう10年以上経ちました。当時は「二度と猫は飼わない」と思っていた私も、今や立派なキャットオーナーです。ねこちゃんによく似た、キジトラ白の猫と暮らしています。今度は何があっても別れません。最後まで面倒みることが、ねこちゃんへの何よりの供養になると信じています。

翔の最期と家族の決断

山﨑敏子

愛犬〝翔《しょう》〟の体調の変化に気づき、病院で受けた検査結果は思いもよらぬ〝悪性リンパ腫〟。余命いくばくもない不治の病いに、家族のうろたえようはこの上もありませんでした。〝うそでしょう！　こんなに元気なのに！〟と、疑う余地もない現実を素直に受け入れる心のゆとりもなく、ただオロオロと抗癌剤治療を受け始めたのは、ちょうど1年前の10月でした。

〝生ある者、いつかは迎えなければならない死〟と、頭ではわかっていても、いざそれに直面すると、何ともやるせない気持ちが家族中を包み込んでしまいました。つらい副作用にも〝翔ちゃん頑張れ！〟が合言葉のように飛びかう毎日。良いと聞けば、高価な漢方薬を求めて走り、外国から栄養補強剤を取り寄せ、後足が不自由になれば鍼治療の往診をたのみ、全身マッサージ、温灸も試み、わずかな効果を手ばなしで喜び、家族全員必死の思いが翔に集中しました。負けてたまるか！　翔頑張れ！　家族それぞれの思いで懸命の闘病生活が続きました。

次々に余病を併発し始め、それでも1つ乗り越えるたびに、まるで完治が間近なような錯覚にとらわれ、喜んだものです。翔の容態に、家族の間でも「つらい副作用を伴う治療はやめて、自然にまかせよう」と言う者。「やるだけのことはやらねば悔いが残る」と言う者。思いはそれぞれに、対立もありました。それでも、お正月を何とか迎えられますように…。3月の次女の受験が終わるまで、何とか生きのびて…。6月の翔の誕生日まで何とか延命を…と次々に目標を決めて、祈りと看病の日が続きました。しかし、病いは着実に進行する様子がうかがえ、視力を失い、体力も衰え、自力では何もできなくなった頃から、私どもの気持ちにも少しずつ変化が起きたように思います。できるだけ、おだやかな時を過ごさせ、苦しみのない最期を迎えさせてやりたい…と。病院の先生にも、その時が来たら告知してくださるようにお願いしました。自分たちで決断することは、とうていできそうになかったからです。

6月26日の9歳の誕生日が過ぎた頃、すでに液状のものしかのどを通らず、高熱が続くようになって、下痢、血尿で入退院を繰り返し始めてからは、わずかながら〝あきらめ〟と〝覚悟〟とが自然に心をかすめるようになりました。それでも、心のどこかで〝翔頑張れ！〟と叫んでいたような気がします。

昼夜を問わず、かすれた声で何かを訴える翔。オシッコ？ ウンチ？ お水？ 夜中に何度も排便、排尿の後しまつ。シーツを取り替え、熱を計り、保冷剤で体を囲み、1人の力ではどうにもならない大型犬を2、3人がかりで数時間おきに体勢を変えてやる。満足な睡眠もとれない重労働の日々でした。動けなくてもいい。そこに横たわって、生きていてくれるだけでいい。そんな思いも、今になって思えば、私どもの勝手なエゴイズムだったのかもしれません。

8月6日、いつもどおり、治療のつもりで行った病院で受けた告知。とうとうその時期が来てしまった。複雑な思いで、ただ涙があふれました。先生は「後日、ご家族そろってお見送りを」と気づかってくださいました。しかし、私たちを決断させたのは、思いもよらずひょっこり病院に現れた娘の一言でした。

「このまま家につれて帰っても、次に病院に来るのは命を断つためにだけ来るんでしょう。たとえ安楽死させる日が何日先であったとしても、その日をあと3日、あと2日って待つのは耐えられないヨ！　今夜からどうやって翔の顔が見れると思う？　つらいヨ！　いっそ今、お願いしよう」泣きながら訴えたのです。彼女の言うとおり、私たちも同じ気持ちでした。涙、涙で心を鬼にしたのです。翔はすべてを悟ったかのように静かに目をとじ、旅立ちました。

〝やれることはすべてやった〟という思いの中にも、命を全うさせてやれなかった悔しさ、あわれさ、まして最も信頼していたはずの家族の決断で、命を断たれるという残酷な結末。そうせざるを得なかった末期の病状…。

生前の巨体を抱き上げることすらできなかった私。小さな骨壺に入って、初めて翔の全身を抱きしめることができました。小さな祭壇に灯明を絶やさず、線香の煙の中で、ひたすら手を合わせていると、不思議に心が落ち着きました。

翔の声　振り返れども　姿なく
花にうもれし　白き壺呼ぶ

涙の枯れることなく過ぎた日々。四十九日の供養を家族そろってささやかにすませ、埋葬を終えて本当のお別れをしたように思います。遺品を整理しながら涙ぐみ、衣類に残る長い毛をそっと手に取り涙ぐみ、闘病日記を読み返し涙ぐみ、翔の存在のあまりにも大きかったことを改めて思い知らされました。

家を守り、家族を守り、少々の手伝いもでき、我が家にとっては、決してペットとしての翔ではなく、立派な家族の一員であり、共同生活者だったように思います。数々の思い出を残して逝った翔に心から「ありがとう」と言いたい気持ちです。

おりにふれ、はげまし、なぐさめてくださった病院の先生方に何度勇気を与えられたことでしょう。ともすれば、翔と一緒に病人になりかけるときもありました。病状が悪く、一晩中そばについて大きな体をそっとなでてやることしかできなかった頃、病院に行って先生の姿を見るだけでもホッとした気分になったものです。いつも穏やかに、温かく私どもと向き合ってくださったことを心から感謝いたします。

翔は今、我が家の庭で静かに眠っています。ガラス製のかわいい墓碑がお日さまに当たっても、雨に濡れてもキラキラと、いつも家族とお花が寄りそっています。

いつの日も　この家に在りて　守りませ

供えまつらむ　萩の一枝

1997・8・6去命　翔《ショウ》（コリー♀）享年　9歳45日

突然のビッケの死

上野美紀

ビッケが亡くなったのはちょうど1年前のことですが、その死はあまりにも突然でした。

ビッケは、私が社会人として動物病院へ勤め始めた頃、病院の前に捨てられていた子猫でした。まだ目も見えておらず、耳も聞こえてはいませんでした。とにかくスタッフ皆で一生懸命育て、そして情が移り、私の家族の一員となったのです。

家の中で飼っていたのですが、ときどき人の目を盗んで外へ出てしまうことがあり、もうすぐ4歳になるはずだったあの日も、朝8時頃、家を飛び出していきました。いつもなら2～3時間で戻るのに、夕方になっても帰らず、家族全員で探しましたが、どんなに名前を呼んでも返事がなく、その日は家で帰りを待ちました。不安な一夜を過ごし、翌日も探し回りましたが、見つからず、何か情報が得られるかもと、一応清掃局に電話をしてみました。

ショックなことにビッケらしき猫が昨日引き取られ、そしてすでに火葬場に連れて行かれたというのです。すぐに火葬場に電話をしましたが、時すでに遅く、「たった今、かまに入りました」という声が受話器の向こうから聞こえてきました。

母は「私が逃がしてしまったからだ」と自分を責め、妹はひたすら泣くばかり、私も何が起こったのかしっかり把握できない状態だったように思います。死んでしまったという悲しみと死に目に会えなかったという悔しさで、涙が止まりませんでした。

「自分はそういう悲しい気持ちはわからない。そんな感情を持っていると大変だね」ある友人にこう言われたことがあります。しかし、愛猫の死を悲しむのはごく自然のことだと思っています。ただビッケの場合、予期していなかっただけに、立ち直るまでかなりの時間を要したかもしれません。

現在、我が家には日本猫のチョコがいます。このコもほとんど生まれたばかりの状態で捨てられていました。一時は死にかけたこともありましたが、今は元気に育っています。

いつかまた別れが来るとはわかっていますが、やはりビッケの分まで長生きして欲しいと願っています。

家で看取ったクマの最期

榎本暁子

我が家の家族の一員として13年間付き合ってくれた〝クマ〟は、近所の方からもらい受けた雌の雑種犬でした。その〝クマ〟が死んでからもう11年にもなるというのに、病気の発覚から最期を迎えるまでの約2カ月間の出来事は、私たち家族の記憶に今もたいへん鮮明に残っています。

当時の〝クマ〟は13歳という年齢を感じさせないほど毛艶もよく、まだまだ元気いっぱいだったのですが、その年の秋の始め頃からお腹の腫れ物が大きくなりはじめ、獣医さんにお預けし、診ていただいたところ、検査結果から膀胱ガンであることがわかったのです。散歩に出て排尿するときに、随分時間がかかって少しつらそうに見えていたのですが、まさかそれは膀胱ガンからくる障害だったとは全く想像しておらず、家族一同まさに突き落とされたような思いでした。獣医さんのお話では、お正月までは無理かもしれないとのことでしたが、その当時は〝クマ〟の体力もまだそれほど衰えているようには見えず、家族のところに尻尾をふってとんでくる姿からは、とても余命2カ月の診断が信じられませんでした。

家族の一員であるこの犬がいなくなってしまうという悲しさと、ペットの死に直面しなくてはならないという恐怖から、家族の誰もが〝クマ〟をこれからどうやってケアしてゆけばよいのかという、大事な話し合いを避けて通っているような状態で、すっかりオロオロしておりました。私たち家族に獣医の先生から「このまま入院させて積極的に治療し延命を図るか、もしくは家に連れ帰り家族のもとで最期の日々を過ごすか」と、今後の方針についてのお話があったのは、病気の診断が確定してから間もなくでした。その時に初めて、家族で落ち着いて話し合い、後者を選ぶこととしました。病気治療のためを考えれば、入院治療も必要だったのかもしれませんが、ペットとして我が家にやってきてくれた〝クマ〟には、最期までのあとわずかの時間も、やはり私たち家族のもとで過ごしてほしかったのです。

住み慣れた家で最期の日々を苦痛なく過ごせるのが理想ですが、積極的な治療を選択しなかったのですから、病気が急に進行して、ひどい痛みが襲ってくる恐れも十分あるわけで、もしそのような事態に陥った場合の対応として、家族のもとで安楽死を選ぶことも辞さないこともあらかじめ獣医さんに相談して決めました。獣医の先生は、在宅ケアを決めたときから私たちをとことん応援して下さり、ご自分のクリニックでの診療が終わった後、夜遅く、時には午前0時をまわってからでも、高速道路をとばして何度も〝クマ〟を診に来て下さったのです。内弁慶で頑固な性格で、注射など大嫌いという犬でしたが、先生には身も心も任せていたようで、先生が「クマ!!」と大きな声でドアを開けておみえになると、本当に嬉しそうにしていました。

〝クマ〟の体力が目に見えて落ちてきたのは12月に入ってからで、その頃には4人家族のメンバーのうち誰かが必ず〝クマ〟にいつも目を配れるような体制で、体調の変化を見守りました。

〝クマ〟はクリニックから家に戻って2カ月ほど住み慣れた我が家で過ごし、お正月まであと少しというときに亡くなりました。亡くなる2日前の夜には獣医さんに診ていただいたあと、先生の姿を目で追いさようならを言っていましたし、いよいよ最期を迎えるときには、私たち家族のひとりひとりを見回してお別れを言ってくれました。最期は悲しいながらも、よくがんばったね、と拍手を送りたいような気持ちと、最期まで私たちと共に過ごしてくれたことへの感謝の気持ちで、〝クマ〟を見送ることができました。

ペットの死という、動物の飼い主である以上は、必ず直面しなくてはならないできごとは、いろいろな形でやってくるわけですが、我が家の場合は、病気の発見から死を迎えるまでに2カ月という時間が、ペットとしての犬と家族の付き合い方を改めて考えるための貴重な時間となりました。治療方針を選択する際に、気持ちが揺れた時に獣医の先生から、「方針は飼い主が決断すること、そして一度決めたらもう迷わないという姿勢で」と励まされたことで、私たちもこの2カ月間を落ち着いて過ごすことができました。

〝クマ〟の死後2カ月ほどして、獣医さんのところに真っ黒な小犬が保護されていることを知り、その犬を我が家の〝クマII世〟とすることにしました。その犬も間もなく11歳になります。長年一緒に過ごしてきた犬が死んで、すぐに別の犬を飼い始めることに少し抵抗があったことは確かですが、新しい犬との生活を始めたとたんに、うれしい発見がありました。それは亡くなった犬との最期の日々で考えたこと、特にそれまでの犬との付き合い方で反省した数々のことが、新しい犬を育て、付き合っていく上で生きてきたのです。ペットの死に深く落ち込むだけでは、亡くなった犬の記憶も、ただ悲しいもので終わってしまったかもしれませんが、新たな犬との出会いがあったことで、その悲しみを乗り越えることもできましたし、亡くなった犬の思い出が、また楽しいものとして新鮮によみがえってきたのです。私たち飼い主が、ペットの死というつらいできごとを経験して、それを乗り越えるたびに、ペットと人間の関係が進化してゆけば、この世を去っていった犬たちも喜んでくれるような気がします。

ボビー&アイラ

青木玲子

アメリカン・コッカ・スパニエルのボビーが他界したのは1990年4月4日。風邪をひいただけのボビーは、近所の獣医の打ったたった1本の注射で腰くだけになり、都内の高名な(?)獣医の治療もむなしく、その3日後に日本獣医畜産大学の診察室で息を引き取りました。涙がとめどなく溢れ、頭がしびれるようにぼんやりとして…。

死因はともかく、今死ぬのはかわいそう…いや、この子を失うのは私にとって耐え難いことだという寒い予感…。この世から消えていくボビーの苦しさ、寂しさ、無念さと、私の側の想念だけが目まぐるしく交錯し、その瞬間は恐ろしい世界を創り出していました。

あのかわいい、元気な、甘えん坊だったボビーは、最後の力を振り絞って前肢を私の方に伸ばし、かっと目を見開いて私を見つめました。

「助けて!」と叫んでいるようでした。「ねえ、何しているの! いつものように助けて!」

私たちには何もできませんでした。ボビーの気持ちに圧倒され、自分の無力と別離の恐ろしさに怯え、震えながら抱きしめてあげるのが精いっぱいでした。こんな思いでボビーを抱くなんて! ボビーは抱かれるままに、突然、力を抜いて目を細め、いたわるように私を見つめてからゆっくり目を閉じました。

私の腕の中でボビーはだんだん冷たく、重くなって、私の気持ちも凍らせてしまいました。

どこへでも連れていったボビーは、楽しい、しかし、今となっては悲しい思い出をいっぱい残してくれました。その後、気を紛らわすために旅行に出ても、木々の中に、川の流れの中に、春先のたんぼの草花の中に、ボビーの姿が重なったものです。

時と共にこういった悲しみは薄れていくと自らを慰めてみても、時と共に悲しみはある種の濃縮された部分を形成します。

私は主人以外の人と、ボビーの話どころか犬の話もしなくなりました。人とボビーの思い出話をして、悲しみを人為的に増幅するのもいやでしたし、悲しみを創作されるのもいやでした。でも、2年の年月は何の解決ももたらしてくれませんでした。

突然、主人が犬の図鑑を買って参りました。2人で、犬の絵を見る日がぽつぽつとできました。しかし、犬を飼うことなんて思いもつかないことでした。私はもう犬は飼えないと思っていましたが、主人には子犬が必要とは思っていました。主人も私に対して、そんな思いを持っていたようです。

そしてまた突然、私たちは生まれたばかりの子犬を見に行くことになりました。コッカスパニエルとは全く異なる犬種を選んで…。

ブリーダーさんの家で見たアイリッシュセッターの赤ちゃんはとてもかわいらしく、抱きあげた私に小さな爪をたててしがみつきました。そっと頭をなぜると、力強く頭で掌を押し返してきます。体をなでると、うねるように私の体を登ろうとします。後肢は弾力があり私のお腹を快く突いてきます。まだ見えない目を私にこすりつけ、私の髪をくわえて吸い続け、鼻を突きあげては匂いを確認し……。

私の中の冷たいボビーは、次第に温かく鼓舞するようなボビーに変わっていきました。「この子がいいわ」これでアイラはわが子になりました。

アイラはもうじき6歳、とても幸せそうです。主人も、彼女を育てるために異常なまでの努力をしました。失ったボビーへの償いを果たすかのように、食べ物を考え直し、下痢をすれば下痢を直す工夫をし、良い環境を求めて山野に出かけます。

私はときどきつぶやきます。「アイラちゃん、これもボビーのお陰よ」と。

法の強制による
ペット・ロスのケース

根本　寛

私は通称「横浜ペット裁判」と呼ばれる、室内飼育犬（小型犬・雌のビーグル「ビッキー」）をめぐり昭和61年より平成6年8月までの延べ9年間、横浜地裁および東京高裁において裁判を行った犬の飼育者です。

一審の横浜地裁では、管理組合が「マンションにおける犬の飼育禁止を求める」という形で提訴し、私が被告になりました。この裁判は5年かかりましたが、裁判所の判決は「日本の国状から見て集合住宅におけるペット禁止規約は妥当性がある。禁止規約がある以上、被告は従う義務がある」というものでした。肝心の私の主張「入居時点で禁止規約がなく、また、何らの具体的迷惑を掛けていない以上、禁止する法的根拠がない」については一切言及しない、まことに不思議な判決でした。このため、今度は私が一審判決の破棄を求めて東京高裁に控訴したわけです。私の主張は概要次のとおりでした。

①動物飼育一律全面禁止の規約改正は無効である。

②犬の飼育禁止は私にとって特別な影響に当たるので、私が承認していない規約改正は無効である。（「特別な影響」とは、法律上で、新規約がある人に特に影響がある場合には、承認が必要となっていること）

③マンション住民に何ら具体的な迷惑を及ぼしていないのであるから、本件犬飼育は区分所有法第五七条「共同利益の侵害」には当たらない。

以上の主張について、特に③の「具体的に迷惑を及ぼしていない以上、共同利益の侵害には当たらない」というわかりやすい主張は、広く理解と支持を得て、この控訴審が行われた平成3年12月から平成6年8月の間に、日本獣医師会や日本動物保護管理協会、日本動物愛護協会、日本動物福祉協会、さらにはイギリスの王立動物虐待防止協会、アメリカ動物虐待防止協会など85の団体および約9万人の個人から「犬飼育を求める判決請願書」が寄せられ、これらはすべて担当裁判長に提出しました。

また、この間、「集合住宅における動物飼育を考える協議会」や「日本マンション学会」などが集合住宅でのペット飼育に関しシンポジウムを開くなど、飼育理解促進の活動を展開しました。

このような世論の実情を踏まえて、東京都は平成6年7月「集合住宅における動物飼養モデル規程」を作成し、共存のための啓蒙活動を始めました。内容は、一律禁止は好ましくない。迷惑のない飼育については、認めていくのがよいというものです。

このような一連の活動は新聞などでも大きく報道されましたが、これらの動きに対し、たとえば集合住宅の管理組合団体等、業界団体を含めて、反対は一切ありませんでした。

しかし、判決は「集合住宅は動物を飼う構造になっていないので、具体的な利益侵害の有無にかかわらず、ペット飼育は共同利益違反である」と、まことに社会の実態から遊離した訳のわからない論法によって、私の控訴を棄却しました。

屁理屈を言うようですが、それでは一般住宅の室内で犬猫を飼育している方は、動物を飼う構造に改造しているのでしょうか。ペット問題の原因は、「建物の構造」ではなく「飼い方」にあるということは子供でもわかるのではないでしょうか。

ここで、少しマンションなど集合住宅におけるペット飼育の実態について説明します。

まず、都市化先進国のアメリカ、イギリス、フランス、ドイツなどの欧米においては、所有型の集合住宅においては、ペット禁止はほとんど見られません。飼育率も高く、パリでは、住宅の約8割が集合住宅ですが、その約6割の住宅で犬が飼われているようです。また、フランスには、住宅でペット禁止を定めることを禁止する法律があるそうです。日本のように、規約として決めれば何でも通るというような乱暴なことではなく、人間の幸せにかかわる基本的な人権として認められているということでしょう。

ペットによるトラブルにどう対処するのかというと、ほかの紛争と同様にその問題に関し審理し、もし迷惑行為が認定されればほかの係争と同じく、お金かその他の方法で解決するようです。

私もこの方式を提唱しています。都市化の進展の中で、ペットと暮らしたい人とそうは思わない人が否応なく密着して暮らさなければならないわけですから、両者の権利を大切にしようとすればこれしか方法はないのではないでしょうか。

日本のペット禁止は、当初、日本住宅公団（現住宅・都市整備公団）が賃貸住宅について適用したのが始まりで、その後誕生した多くの民間の分譲マンションでも、深く考えることもなくそのまま踏襲され、原始規約（分譲会社が最初に用意している規約）として提示したことから、常識のようになって広まったようです。

要は、ペット問題は、まともにはほとんど論議されたことはなかったのです。私の裁判で初めてそのあたりが論議され、マンション管理業界の新聞などでも大きく取り上げられて、その論調は、ほぼ私の主張を肯定するものでしたが、前述のようにほとんど反論はなかったのです。

しかし、裁判所は、このような、幸福権にかかわる私たちの本質的な主張はほとんど無視したというのが実態です。

一応ペット禁止になっている原始規約を改訂してペット可にするマンションは、きわめて少ないのが現状です。しかし、半数以上のマンションには、犬猫が飼育され、非公式の調査（横浜及び東京都の約１００戸対象）では、飼育率は2～5％程度と推定されています。なぜ推定かというと、いわゆる「隠れ飼育」があり実態が摑みにくいのです。このような現実は、「法は法として現実に迷惑をかけていないのならよいのでは？」という日本人特有のメンタリティの産物のようです。私は、①一定の規約を作って飼育を承認すべき。②飼育者は会を作り飼育方法の勉強や迷惑防止活動などをするとよい、と主張しています。

私のケースのように、後から住民によって禁止規約を制定するには、総会を開き住民の4分の3の多数決によって決められます。一見民主的なように見えますが、形骸化しているのが実態です。たとえば私のケースでは、全27戸のうち理事6人プラス私を入れた5人、計11人によって臨時総会を開き決定しました。残りの方々は、所有していても住んでいない方々が7人程度いることなどもあって、議長への白紙委任状がほとんどです。したがって、理事が結束すれば大抵のことは通すことができるのが実態です。私のケースでは、動物嫌いの年長の3人の理事によって強引に誘導されました。

このような状態は私のマンションに限ったことではなく、多くのマンションに共通した問題です。

さて、本質論議を避けた裁判によって敗訴した私は、犬を連れてマンションを出ようとしましたが、金銭面で不可能なことがわかりました。いわゆるバブルの崩壊によって、マンションの実勢価格がローン残高を下回ってしまい、相当な金額を加算しないと売買ができないという事態になっていて、それは、私どもにとっては調達不可能な金額だったからです。

やむなく、12年間、一緒の部屋に暮らし、それこそ1日とて離れることなく、文字どおり家族の一員として生きてきた「ビッキー」を手放すことにしました。

この決断が私ども家族4人にとってどれほどつらいものであったかは、とても一言で語れるものではありません。4本足で口がきけないけれども、ビッキーは私の家族です。その家族を苦しめたくない、人間としてそんな無責任なことはできないという、ただその一心で私ども家族4人は9年間耐え忍んできたのです。私は、一家の長として、これほどまでに自分の非力を嘆いたことは、かつてありませんでした。

現在、ビッキーは、栃木県のある知人に飼っていただいております。もう少し近くの方を探したのですが、室内で自由にさせ、一緒に寝るという条件に当てはまる方が見つからなかったからです。

ビッキーを失ったことによって、私ども家族がどれほどの苦痛を感じているかと言えば、それは、家庭の中にあった喜びの半分は失ったというのが実感です。

ビッキーは、家庭に幼児がいるのと同じで、いつも家族の中心にあって笑いのもとになっていました。私ども夫婦も熟年と呼ばれる年代になり、子供たちも高校卒業という年代になると、家族がそろって会話を楽しむというようなことも少なくなってまいります。特に現代のように、家族がそれぞれ家の外にネットワークを持つようになると、以前にはあった家庭の求心力といったものが稀薄になってしまいます。

このような状況の中で、いつまでも幼児の段階で留まっていてくれるペットの意義は、昔と比べてはるかに大きなものがあります。近年のペットブームといわれる傾向は、このような社会状況と無縁ではありません。

ペット・ロスにもいろいろな形がありますが、私どものように、不条理な権力によって、いわば生木を割かれるように別れさせられることは、また独特の悲しみにつながります。

動物学の臼井和哉東大名誉教授は「犬を家族から引き離すということは、たとえば、高等野生動物のゴリラの1頭を狙い撃ちにして、群れから引き離すことと同じ野蛮な行為である」とお手紙をくださいましたが、私どものケースは、ペットが亡くなったのではなく、人間よりも数段家族愛の強い犬が、そして人間に従属してしか生きていけない犬が、親密な家族から無理やり引き離される犬の悲しみ苦しみでもあります。このことが一層私どもにとってはつらいことです。

このようなことは、今まで日本に多かった戸外の繋ぎ飼いでは十分には理解されていないようです。室内飼育の多い欧米との違いであり、私と同じように飼育する欧米人から見れば、日本人は高等知性動物の犬を虐待していると見えるようです。そんなことから、イギリスでは、アフガンハウンドなどは日本への輸出を認めていない様子です。

現在、都市部では半数以上、日本全体でも3割以上が集合住宅に住み、その率はこれからさらに高まり、しかも終《つい》の住まいになっています。当然室内飼育が多くなり、その結果、家族としての情も深まります。ペット・ロスを理解するためには、そのような社会の変化が私たちの暮らしを変えていることにも目を向ける必要があると思います。

国際的文化人である経済学の佐藤隆三は、著書『菊と鷹』（講談社文庫）の中で、わが国と欧米の価値観の違いに触れ、「近代文明のみなもとである欧米の知性とヒューマニズムの最も重要なポイントは、『ライフ』（生命）、『リバティ』（自由）、『ハッピネス』（幸せ）であり、この三つが近代文明を支えている礎石である」と言っています。経済摩擦なども、単に経済だけでなく、日本がそのような理想を持っていないところに根源があると述べられています。

我が国にも幸福に暮らす権利は「幸福追求権」として憲法一三条で保障されているわけですが、まだ血肉とはなっておりません。経済大国となったわが国は、これからは、そのような生きる哲学がいちばん大切であると思います。ペット・ロスや様々なペット問題なども、そのような哲学を土台として考えていくことが大切であると痛感しています。

第6章 別れのセレモニー……動物を葬る、その方法と規則……

山崎 恵子・鷲巣 月美

遺体の処理と埋葬方法

愛する動物が亡くなった後、お通夜やお葬式をすることはペット・ロスからの回復をスムースにする1つの方法です。ここでは、動物の遺体はどのようにして葬ればよいのかについてお話しします。

ペットの埋葬方法はいろいろありますが、どの方法を選ぶかは飼い主の考え方によります。幸運なことに、我が国には各地に多くのペット霊園が存在し、いわゆる〝お墓〟を探すことはそんなに大変なことではありません。通常、動物病院は、ペット霊園やペットの葬儀を行う組織に関する情報を持っているので、かかりつけの獣医師に相談することも可能です。また、電話帳にはその地域のペット霊園が必ず載っていますし、インターネットで検索することもできます。後述するように、火葬方法や料金なども各霊園ごとに異なるので、事前に確かめることをお勧めします。

火葬、埋葬については、合同、個別、立ち会いなどいくつかの異なる方法が用意されています。多くの霊園は、〝合同慰霊碑〟を設けていますが、これは火葬、供養ともにほかのペットたちとの合同ということになります。この場合、遺骨もほかの動物たちと一緒に合同慰霊碑に納められます。遺骨を手元に置きたい、個別のお墓あるいは納骨堂に納めたいと考えている人は、個別火葬を選ぶ必要があります。この場合も、飼い主が火葬に立ち会い、遺骨も自分で拾うという方法、すべて霊園側に任せ、後日遺骨を取りに行くか自宅に届けてもらう方法など、いくつか選択肢があります。火葬方法には関係なく、多くの霊園は自宅あるいは動物病院まで遺体を引き取りに来てくれます。そして、個別の場合は後日遺骨を、合同の場合はペットの名前が書かれた位牌を届けてくれます。

経済的な側面からみた場合、自宅まで遺体を引き取りに来てもらった場合には、多少負担が増えることもあります。もっとも経済的な負担が小さいのは、霊園に自分で遺体を運び、合同火葬する方法です。個別火葬はどのような小さな動物でもそれなりの手間や人手がかかるので、一般的には合同の2〜3倍、立ち会いの場合にはさらに費用がかさみます。納骨堂や墓地を購入する場合には、かなりの負担を覚悟する必要があります。個別火葬をした後、遺骨をしばらく手元に置いてから、あらためて合同慰霊碑に埋葬してもらうこともできます。霊園によっては、火葬をその霊園で行った場合にのみ、また火葬後何年間かに限り、合同慰霊碑に遺骨を納めさせてくれるという規則を設けているところがあります。しかし、火葬を行うのと同様の料金を払い込めば納骨させてくれるところもありますので、事前に確かめてください。

最近では人間同様、生前ペットが好きだった場所などに散骨する人もいます。また、霊園などに依頼せず、自宅の庭に埋葬する人もいます。地域の清掃局に遺体を引き取ってもらうという方法もあります。〝野良犬や野良猫が庭で死んでいた場合ならともかく、自分の愛するペットを清掃局になんか……〟と言う人もいるかと思いますが、最期にはあまりお金をかけずに、その分ほかの不幸な動物たちを救うために使うという考えの人たちもいます。本人が心からペットの死を悼んで送り出すのであれば、これもまた1つの方法であろうと思います。ただ、各地方自治体により対応および担当部署が異なりますので、事前に確認するようにしてください。通常、清掃局、環境衛生局、衛生局のうちどこかが担当しています。

地方自治体における動物の焼却方法は大きく分類すると次のようになります。

❶ 動物専用の焼却炉を持っている
❷ 民間の動物霊園に委託している
❸ ゴミと一緒にゴミ焼却炉で焼却する

動物専用の焼却炉を持っている地方自治体でも、個別に火葬し、お骨を返してくれるところとほかのペットや飼い主不明の動物の遺体と一緒に処理しているところがあります。また、どちらにするか選択できる自治体もあります。慰霊碑も自治体によりあったりなかったりですが、動物霊園を持つ地方自治体もあります。通常、連絡すると遺体を引き取りに来てくれますが、自分で運ばなければならないところもあります。料金も動物の大きさにより異なったり、あまり大きい犬は引き取ってくれない自治体があったりします。

土葬にするスペースがあれば、遺体を火葬せずに土葬にすることも可能です。他人の土地、空き地、公共地などに埋めることはできませんが、自分の家の敷地内であれば、土葬も火葬にした骨を埋めることも可能です。

――遺体の処理や埋葬方法について触れる場合に注意したいこと

日本には死にまつわるしきたりや迷信も多く、他者の〝死の扱い方〟が批判されることもあります。実のところ、これもまた我が国におけるペット・ロス問題に大きな影響を与えています。人は皆それぞれの思いを胸にペットに最期の別れを告げるはずです。自分が選択した埋葬方法は、もしかしたら間違っていたのではないか、大切なペットが安らかに眠れないのではないかなどという疑問を、すでに大きな悲しみに打ちひしがれた飼い主に抱かせてしまうことは罪なことです。遺体の処理や埋葬方法について助言を求められたならば、自分の経験あるいは自分はこうしたいということを述べればよいと思います。この時も、相手の考えや行動に対する意見や批判は絶対に口にしないよう注意してください。お別れの儀式もまた悲しみを解消するための大切なステップです。ペット・ロスの渦中にいる飼い主に対する最大のやさしさは、すべてを受け入れ静かに頷いてあげることです、悲しみがさらに深くなるような言動は、絶対に慎まなければなりません。

●章末資料●

法的手続きについて●

❶ 犬が死亡した場合、鑑札および狂犬病注射済票を添え、管轄の市町村長を経て都道府県知事に死亡届を出さなければならない。

❷ 狂犬病にかかった犬、あるいは狂犬病にかかった疑いのある犬、またはこれらの犬にかまれた犬については、保健所に遺体を引き渡さなければならない。

❸ 死亡した動物あるいは遺骨の埋葬は、自宅の敷地内であれば法的に問題はない。

❹ 飼い主がペット霊園に依頼するなど遺体の処理を自分で行わない場合、市町村長あるいは都道府県庁に連絡し、その指示に従う。

◉伴侶動物との死別の悲しみをサポートするボランティア グループ

Pet Lovers Meeting（ペットラヴァーズ・ミーティング）

日本獣医畜産大学でがん治療を受けていた動物の家族が中心になり、２０００年から活動している自助グループ。愛する伴侶動物を亡くした悲しみを、お互いに語り合うことで受け入れていこうと、ミーティング（経験を語り合う会）や電話相談をおこなっている。主な活動は以下の３つ。

●ミーティング

３ヶ月に一度、東京・池袋で集まり、お互いのペットロス体験を語り合う。参加は無料。予約の必要なし。日時など詳しくはホームページで。

http://www.ddtune.com/plm/

●ペットロス　ホットライン
訓練を受けたボランティア（ペットロス経験者）が、悲しみを聴く無料の相談電話。通話料はかけた方の負担。
・電話番号03-5954-0355
・毎週土曜日午後1時～4時（土曜日が祝日でも行う）

●Pet Loss Support（ペットロス掲示板）
死別の悲しみを書き込む掲示板。多くの人と経験を共有できる。
http://petloss.m78.com/

問い合わせ
Pet Lovers Meeting 事務局メールアドレス
plm@honeyplan.com

編者・執筆者紹介

【編者】

●鷲巣月美●

日本獣医生命科学大学教授

専門：獣医臨床病理学・獣医内科学、中でも、腫瘍、血液疾患、肝疾患を診ることが多い

著書：「獣医臨床病理学」（近代出版／共著）

「ペットががんになった時」（三省堂）

「介助犬を知る」（名古屋大学出版会／共著）他

訳書：「ペット・ロスと獣医療」（チクサン出版）他

【執筆者】

●山崎恵子●

ペット問題研究家

ペット研究会「互《ご》」主宰

著書：「アニマルセラピー・コーディネーターってなんだろう」（ウィネット）

「ペットが元気を連れてくる」（講談社）

●杉本恵子●
獣医師、みなみこいわペットクリニック院長
犬のカウンセリング・しつけ教室、動物との訪問活動、東洋・西洋医学・ホリスティック医療の両立を目指す
オフィスラベンダー代表取締役（動物と人のための癒しのワークショップ、リトルトリー企画運営〈山梨・白州町に人と動物の為の空間の設立〉ほか）
著書：「子ネコの育て方百科」（誠文堂新光社／共著）

●山口千津子●
日本動物福祉協会、獣医師

●高柳友子●
日本介助犬アカデミー事務局長
専門：内科医師
著書：「ありがとう、ジョーイ・モーゼズ」監修（ペットライフ社／スーザン・ダンカン著／古武家克宏訳）
「老年学大事典」（西村書店／北徹監修／動物介在療法分担）

【体験談・執筆者】

生方恵一	上野美紀
内藤久義	榎本暁子
神原満季栄	青木玲子
山﨑敏子	根本寛

ペットの死、その時あなたは〈新版〉

2005年 9 月15日 第1刷発行
2011年10月 5 日 第2刷発行

編　者　　鷲巣月美
発行者　　株式会社 三省堂
代表者　　北口克彦
発行所　　株式会社 三省堂
〒101-8371 東京都千代田区三崎町二丁目22番14号
電話　編集　(03) 3230-9411
営業　(03) 3230-9412
振替口座　00160-5-54300
http://www. sanseido. co. jp/

落丁本・乱丁本はお取替えいたします〈新版ペットの死〉
ISBN978-4-385-35842-0